新型纺织服装材料与技术丛书

蓄热调温纺织材料

柯贵珍　于伟东　杨红军　著

中国纺织出版社有限公司

内 容 提 要

本书概述了相变材料和光热材料的类别及其特性，系统介绍了蓄热调温材料的制备及应用。本书共分为六章，具体包括蓄热调温材料概述、PEG/PU柔性多孔相变膜、静电纺复合相变纤维、碳化锆基光热转换复合纱线、棉/不锈钢丝/PEG电热调温织物和其他蓄热调温纺织材料。

本书操作步骤翔实、数据解析明确，具有很高的应用价值，可供纺织服装高校师生、行业从业者阅读借鉴。

图书在版编目（CIP）数据

蓄热调温纺织材料 / 柯贵珍，于伟东，杨红军著 .
北京：中国纺织出版社有限公司，2024.10. --（新型纺织服装材料与技术丛书）. -- ISBN 978-7-5229-1957-7

I . TS102

中国国家版本馆 CIP 数据核字第 2024G67A60 号

责任编辑：苗 苗　　责任校对：寇晨晨　　责任印制：王艳丽

中国纺织出版社有限公司出版发行
地址：北京市朝阳区百子湾东里 A407 号楼　邮政编码：100124
销售电话：010—67004422　传真：010—87155801
http://www.c-textilep.com
中国纺织出版社天猫旗舰店
官方微博 http://weibo.com/2119887771
三河市宏盛印务有限公司印刷　各地新华书店经销
2024 年 10 月第 1 版第 1 次印刷
开本：787×1092　1/16　印张：12.75　插页：2
字数：248 千字　定价：78.00 元

目录
Contents

第一章

蓄热调温材料概述

能源是人类社会生存和发展的血液，寻找新的绿色能源，以及提高能源的利用率是人类致力于解决的课题。相变储能材料可以从环境中吸收能量和向环境释放能量，较好地解决了能量供求在时间和空间上不匹配的矛盾，有效地提高了能量的利用率。而光热转换材料，吸湿发热材料和化学放热材料等可以自主产热，在人体的保暖御寒方面有良好的应用前景。

具有蓄热调温、温度自适应功能的纺织品的出现，突破了保暖性纺织材料遮体御寒的传统观念，使人类的穿着物由简单的厚度、密度、款式舒适性和物理、生理防护遮蔽作用转变成了功能和智能的调节性能，它是纺织品的高技术、智能化、功能化的又一方面，其典型代表技术与材料是相变自适应技术与相变材料（PCM）。

一、相变材料的类别及其特性

蓄热材料按储能的方式大体分为显热储能、化学反应储能和潜热储能三大类。显热储能材料虽然在使用上比较简单方便，但是其材料自身的温度在不断变化，无法达到控制温度的目的，并且储能密度低，从而使相应的装置体积庞大，因此它的应用价值不高。化学反应储能是利用可逆化学反应的反应热来进行储能的，这种方式的储能密度较大，但是技术复杂，使用不便，目前仅在太阳能领域受到重视，离实际应用尚远。而潜热储能是利用材料在相变时吸热或放热来储能或释能的，这种材料不仅能量密度较高，而且所用装置简单、体积小、设计灵活、使用方便且易于管理。另外，它还有一个很大的优点，即这类材料在相变储能过程中，近似恒温，可以以此来控制体系的温度。在这三大类储能材料中，潜热储能最具有实际发展前途，也是目前应用最多和最重要的储能方式。

潜热储能按照相变的方式一般分为四类：固—固相变、固—液相变、固—气相变及液—气相变。由于后两种相变方式在相变过程中伴随大量气体的存在，使材料体积变化较大，因此尽管它们有很大的相变焓，但在实际应用中很少被选用。固—固相变、固—液相变是大家重点研究的对象。

（一）固—固相变材料

目前已经开发出的具有技术和经济潜力的固—固相变材料主要有三类：无机盐类、多元醇类和高分子类。其中后两种在实际中的应用较多。

1.无机盐类

无机盐类定形相变材料（SSPCM）主要指层状钙钛矿和无机盐。层状钙钛矿是一种有机金属化合物，这些化合物有类层状晶体结构，和矿物钙的晶体结构相似。层状钙钛矿及它们的混合物在固—固转变时有较高的相变焓（42～146J/g，与化合物中金属原子的种类有关）和较小的体积变化（5%～10%），在相当高的温度时仍很稳定，通过相变点连续1000次冷热循环后热性能的可逆性仍很好，但价格较贵。无机盐类利用不同晶型之间的变化进行吸/放热，代表性物质有Li_2SO_4、KHF_2等，它们的相变温度较高，适用于高温范围内的储能和控温，目前实际应用不多。

2.多元醇类

多元醇类主要有季戊四醇、新戊二醇、三羟甲基乙烷、三羟甲基氨基甲烷等。这类材料种类不是很多，有时需要它们相互配合以形成二元体系或多元体系来满足不同相变体系的需要，该相变材料储能原理同无机盐一样也是利用晶型之间的转变来进行吸热或放热。它的相变焓较大，相变温度适用于中、高温储能。

多元醇低温时具有对称的层状体心结构，同一层中的分子以范德华力连接，层与层之间的分子由—OH形成氢键。当达到固—固相变温度时，转变为各向同性面心结构，同时氢键断裂，分子开始振动无序和旋转无序，放出氢键能。多元醇的相变潜热与分子中所含羟基数有关，每一分子所含羟基数越多，则相变热越大。其缺点是在固—固相变温度以上转变为塑性晶体，易软化并产生挥发损失，使用时需用压力容器密封，且经多次热循环后相转变体系会逐渐分解而失效。

3.高分子类

高分子类主要指一些高分子交联树脂，如交联聚烯烃类、交联聚缩醛类和一些接枝共聚物（如纤维素接枝共聚物、聚酯类接枝共聚物、聚苯乙烯接枝共聚物、硅烷接枝共聚物）。总的来说，高分子类相变材料目前种类较少，尚处在研究开发阶段。

高分子固—固相变材料呈现完全可逆的相转变，相变过程中不出现液态，体积变化小，容易与其他材料结合，甚至可以直接用作系统的基体材料。相变温度比较适宜，使用寿命长、性能稳定，无过冷和层析现象，材料的力学性能好，便于加工成各种形状，是真正意义上的固—固相变材料，具有很大的实际应用价值。其存在的缺陷有：种类太少难以满足人们的需求，相变焓较小，导热性能差。

（二）固—液相变材料

固—液相变材料在温度高于相变点时吸收热量，物相由固相变为液相；当温度下降，低于相变点时，放出热量，物相由液相变为固相，可以重复多次使用。固—液相变材料主要包括无机类、有机类、形状稳定的固—液相变材料。

1. 无机类

无机类固—液相变储能材料主要有结晶水合盐类、熔融盐类、金属或合金类等。其中最典型的是结晶水合盐类，它们有较大的熔解热和固定的熔点。这类物质用得较多的是碱金属和碱土金属的卤化盐、硫酸盐、磷酸盐、硝酸盐、醋酸盐、碳酸盐等盐类的水合物。结晶水合盐类通常是中、低温相变储能材料中的重要一类。

2. 有机类

这类相变材料常用的有高级脂肪烃类、脂肪酸类、脂肪醇类、芳香烃类、芳香酮类、酰胺类和多羟基碳酸类等。另外，高分子类有聚烯烃类、聚多元醇类、聚烯醇类、聚烯酸类、聚酰胺类以及其他的一些高分子。

一般说来，同系有机物的相变温度和相变焓会随着其碳链的增长而增高，这样可以得到具有一系列相变温度的储能材料，但随着碳链的增长，相变温度的增加值会逐渐减小，其熔点最终将趋于一定值。

固—液相变材料是研究中相对成熟的一类相变材料，对于它们的研究进行得较早，无论是有机类还是无机类，都有很多品种可以利用。但是固—液相变材料在相变中有液相产生，具有一定的流动性，因此必须用容器盛装且容器必须密封，以防止泄漏而腐蚀或污染环境。这一缺点极大地限制了固—液相变材料在实际中的应用。另外固—液相变材料总存在着过冷、相分离、储能性能衰退等缺点，这些也必须得到很好的解决。

3. 形状稳定的固—液相变材料

由于固—液相变材料存在着液体流动性的缺点，因此出现了一大类形状稳定的固—液相变材料。这类相变材料采用固—液相变形式，但制成的材料进行相变储能时，在外形上一直可以保持固体形状，不使其有流动性，无需容器盛装，使用性能和固—固相变材料近似，可制成板、棒、纤维等形状，因此它们在很大程度上可以代替固—固相变材料。

这类材料的主要组成成分有两种：其一成分是工作物质，利用它的固—液相变来进行储能，这种工作物质用得较多的是有机类相变材料。另一成分是载体基质，其作用是保持材料的不流动性和可加工性，载体基质的相变温度一般较高，在工作物质的相变范围内物化性能稳定并能保持其固体的形状和材料性能。对于载体基质的要求是便于加工，有结构材料的一般特性，如强度、硬度、柔韧性、热稳定性、密封性、耐久性、安全性、传热性能、载体基质和相变材料之间的相容性、无腐蚀、无化学反应及成本低等。常用的载体有交联高分子树脂类物质，如聚乙烯、聚脲、聚苯乙烯、聚碳酸酯、聚甲基丙烯酸、聚苯氧、聚缩醛、硅橡胶等，以及它们的一些衍生物。工作物质和载体基质的结合可采用共混，即利用二者的相容性，熔融后混合在一起而制成成分均匀的相变材料；也可采用封装技术，把载体基质做成微胶囊或多孔泡沫塑料或三维网状结构，将工作物质灌于其中，这样微观上仍是发生固—液相变进行储能控温，但从相变材料的整个宏观特性上来看仍然保持其固体形态。

这类相变材料的优点是无需容器盛装，可以直接加工成型，使用安全方便。这类相变材料缺点有：一是以共混形式制成的相变材料，难以克服低熔点工作物质熔融后通过扩散迁移作用与载体基质间出现相分离的难题；二是工作物质加入一定的载体后，导致整个材料的蓄热能力下降，材料的能量密度较小；三是载体中掺入工作物质后又导致材料机械性能下降，整个材料的硬度、强度、柔韧性等性能都可能受到影响导致材料寿命缩短、易老化而使工作物质泄漏。因此工作物质与载体之间存在着难以克服的矛盾，使之不能完全替代固—固相变材料。

二、相变材料的制备技术

（一）相变微胶囊技术

1.相变微胶囊发展概述

用聚乙烯、聚苯乙烯、聚脲、聚酰胺、环氧树脂、脲醛树脂、三聚氰胺—甲醛树脂等高分子材料作为囊壁材料，采用原位聚合、界面聚合、复凝聚及喷雾干燥等微胶囊化技术可将石蜡、脂肪酸、无机水合盐等相变材料包覆起来，形成粒径在微米量级或以下的颗粒。这种微胶囊化相变材料（MCPCM）可与石膏、水泥、木塑复合材料、纤维板及纺织纤维等复合，得到定形相变材料。这样制作的相变材料不易产生泄漏。例如，Masato T等研制了一种新型储能复合材料，该材料由新闻纸纤维和MCPCM组成。其中的MCPCM是由原位聚合法合成的，芯材分别为正十五烷、正十八烷和正二十六烷，所得微胶囊平均粒径为30~50μm。此外，MCPCM易与普通建材混合，其缺点是成本较高。

微胶囊技术大约从20世纪30年代开始研究，40年代取得突破性进展，现已广泛应用于医药、食品、化工、生物、纺织、航空航天、农药及军事领域，但是相变材料微胶囊化技术的研究大约从20世纪70年代才开始。然而，相变材料微胶囊起初由于其结构强度差而并不成功。直到1982年，Hart等合成强度更高的相变材料微胶囊，才为其带来一片光明的发展前景。

1987年，美国空军资助某公司，研究将微胶囊添加在纺织纤维中用于生产更暖、更薄的手套衬，用于在极端低温环境中作业的飞行员和地勤人员，该技术获得了美国专利。1990年以来，日本、德国、法国、韩国和新加坡等国家也先后开展了相变材料微胶囊方面的研究工作。

国内也有相关单位开展了相变材料微胶囊的研究工作。王春莹（1999）采用脲醛树脂为囊壁，石蜡烃为囊芯，原位聚合制得直径为20～80μm的脲醛树脂相变材料微胶囊，并对微胶囊的制备条件和性能进行了初步研究；蔡利海（2002）则将微胶囊的平均粒径减小到2μm，耐热温度提高到200℃左右，并以5%的正十八烷作为成核剂，有效抑制了微胶囊的过冷现象；樊耀峰（2003）探讨了高性能的相变材料胶囊的研制，研究了提高其耐热温度的方法和不同成核剂对微胶囊性能的影响。

目前，相变材料微胶囊的研究主要集中在耐热性的提高、过冷现象的改善、纳米胶囊化以及胶囊的相变动力学和渗透性等方面。随着制备技术的进步，在降低壁厚、胶囊的纳米化方面有了很大进展；微胶囊的耐热性提高、过冷现象的改善也有所进展，但微胶囊复合相变材料的实际调温能力并没有产生实质性的提高。相变材料的含量仍然是微胶囊技术发展的制约因素。可以看出从提高胶囊相变能力和综合性能的角度出发，需要解决两大问题：一是要制备厚度更薄、强度更高的壁材，以增加相变材料的可容纳空间；二是要寻找蓄热密度大、相变焓高、导热性能好的相变材料来提高胶囊蓄热调温能力。

鉴于以上相变微胶囊技术的局限，笔者多次修改实验参数，调整实验条件，成功制备出LA-SA/MMA相变微胶囊材料，实现蓄热调温目的。

2.相变微胶囊在纺织领域的应用

相变微胶囊可以通过复合纺丝和涂层等方式与纺织材料相结合进行应用。天津工业大学将一定量的蓄热调温微胶囊与黏合剂、消泡剂混合均匀，进行了用于纯棉、涤棉等织物的涂层整理研究。测试了涂层织物热性能，实验结果表明，涂层整理后的织物明显具有热效应，热焓可达40J/g，其热阻值也有明显提高，即由原来的0.207clo提高到0.245clo。但进一步的研究结果表明，涂层整理后织物的风格受到影响，其物理机械性能、透气性能均有所下降。

相变微胶囊在纺织领域应用广泛，如在座椅、运动服装、手套、鞋垫、帽等上都有所应用。

（1）在座椅上的应用。相变材料微胶囊应用在座椅上，能够改善座椅的热舒适性，增强人们的愉悦感。人们坐在普通的座椅上，从身体通过座椅与外界交换的热量较少，从而导致微环境气候的温度和湿度迅速升高，因此人体的皮肤温度和皮肤的润湿度提高，使人体感到不适。然而含相变材料微胶囊的座椅，可以吸收多余的热量来防止温度的升高，使微环境保持恒定且舒适的温度，改善座椅的热舒适性。

（2）在运动服装上的应用。相变材料微胶囊也可以应用在运动服装上。运动员在进行剧烈运动时，会产生大量的热量，体内微气候的温度急剧升高，因而人体的温度也急剧升高。在这个时候运动员如果没有得到及时的降温、休息，就会感觉到不舒服，头晕、浑身乏力，甚至休克。在服装上应用相变材料微胶囊，可以吸收存储和重新释放身体的热量，避免身体过热，使身体始终保持较舒适的状态。

（3）在手套、鞋垫、帽等服饰上的应用。相变材料微胶囊还可以应用在手套、鞋垫、帽等服饰上。根据人体头部、手部、脚部过热与发冷的情况，相变材料可以吸收存储和重新释放身体的热量，使人体的微环境的温度恒定，从而使人体与外界交换的热量保持平衡，使头、手、脚始终都处在一个温度比较适宜的环境中，让人们感到舒适，保护人体的健康。

（二）中空纤维填充技术

1.国内外研究现状

早在1971年，Hansen申请的美国专利将二氧化碳气体溶解于溶剂中，然后填充到中空纤维中以改善纤维的热学性能。

20世纪80年代初，Vigo等将中空纤维浸渍在聚乙二醇或塑晶材料的溶液或熔体中，使聚乙二醇或塑晶进入纤维的内部，得到在一定温度范围内具有相变特性的纤维。由于中空纤维的直径较大，且很难避免纤维表面粘有聚乙二醇，因此工业化的推广价值较小。

Tyrone等将结晶水合盐固—液相变材料填入中空的人造丝和丙纶纤维，在270～310开尔文的温度范围内能显著提高纤维的比热容。而反复升温、降温后，无机盐便失去结晶水从纤维中析出，随着温度的升高，在发生固—液相变时，相变材料质量有较大的损失，从而影响其使用寿命。

国内主要有东华大学采用抽真空方法将多元醇或聚乙二醇溶液对涤纶中空纤维进行填充，改变纤维的热学性能，使之具有调温蓄热功能。

2.存在的主要问题

中空纤维经相变材料填充后，相转变温度与相变材料的相转变温度基本一致，而相变热显著降低，存在相变能衰退现象，即纤维的重复使用性能有问题。同时，填充中由于纤维孔径、长度、浸润性不尽相同，因此不同纤维对溶液抽取阻力各不相同，必然导致溶液只从阻力较小的纤维内孔抽取，而造成流体短路，填充不匀。

中空纤维填充相变材料的方法最显著的优点是制取方便，填充含量目前最大可达50%。但采用抽真空灌注的方法理论上可行，实际上操作较为复杂，而且纤维两端的密封技术亦是问题。对中空纤维填充相变材料来说解决灌注和纤维端封口技术成为其发展的最主要问题。

（三）化学改性技术

1.主要方法原理

化学改性制备相变材料的方法是先通过对固—液相变材料进行改造，在低熔点工作物质与载体材料间引入化学键，将结晶性高分子链端通过化学反应固定在另一种熔点较高、强度大、结构稳定的骨架高分子的侧链或主链上，形成一种梳状或交联网状结构材料。当加热时，低熔点的结晶性高分子发生从晶态到无定形态相转变，实现固态相变储放能的目的；而高熔点的高分子不融化，故限制了低熔点高分子的宏观流动性，使材料保持整体固态。其主要方法有接枝共聚与嵌段共聚两种。

Vigo以锰盐等复合引发剂将分子量为1000~4000的聚乙二醇直接引发接枝于棉、麻等的纤维素分子链上，或以树脂整理的方法，将交联聚乙二醇吸附于聚丙烯、聚酯等高分子纤维表面，得到具有"温度调节"功能的纤维材料。郭元强等人用聚乙二醇与纤维共混，并用聚乙二醇与二醋酸纤维接枝共聚和嵌段共聚，分析不同分子量的聚乙二醇制备的复合纤维的性能差异。张梅等用接枝共聚法将具有相变特征的聚乙二醇（PEG）接枝到具有较高熔点的聚乙烯醇（PVA）主链上，得到了系列性能稳定的PEG/PVA高分子固—固相转变材料。

2.存在的主要问题

经化学法改性后相变复合材料具有可逆的固—固相变特性，无须封装、克服了液态相变材料的泄漏问题，而且使用寿命延长、不易老化。但是，化学法制备的相变材料是以牺牲一定的相变焓为代价，其热活性和导热性有所降低；同时网状结构的生成，抑制结构单元的相对滑移，削弱了纤维抵御外力作用的能力，造成整理后织物强力明显下降。研究表明，处理后的材料的热活性主要受PCM的分子量、纤维基质种类、交联剂、催化剂种类、添加剂、PCM热稳定性，以及PCM交联反应程度等多种因素的影响，这些因素决定着PCM整理织物的蓄热调温能力及效果。

相变材料分子链的链端通过化学反应固定在基质主链上的，附近几个键节的位置将被限制，无法自由地排列进入晶区，使实际能参与结晶的链节数减少，引起相变焓和相变温度的降低。在相变材料的结晶过程中，基质相当于杂质，对整个材料的相变焓没有贡献。因此，化学方法获得的相变材料相变能较低，需解决复合相变材料的热活性和提高相变焓问题；解决复合后织物和纤维的本身力学性能与相变有效性的配伍问题。

（四）多孔与填充技术

1.国内外研究现状

石膏、水泥、混凝土等建筑材料内含大量微孔，常作为定形相变材料的载体材料。以多孔建材为基体制备定形相变材料的方法有浸泡法和混合法等。浸泡法是将由多孔材料制成的一定形状的物体浸泡在液态相变材料中，通过毛细管吸附作用制得储能复合材料。混合法是将载体材料原料与相变材料先混合，再加工成一定形状的制品。用多孔介质作为基体吸附液态工作物质所得定形相变材料形状稳定性好，在工作过程中表现为微观液相、宏观固相。

Hadjieva M等将无机物相变蓄热材料$Na_2S_2O_3 \cdot 5H_2O$吸附在多孔结构的水泥内，构成水合无机盐/水泥复合相变蓄热材料。Xavier Py 等研究制备了用石蜡作相变物质、多孔石墨作支撑载体的复合相变材料，石蜡的质量分数可达到 65%～95%，复合相变材料的导热系数相对于纯石蜡类也有很大提高。另有文献报道把固—液相变材料（如石蜡）与适当的高分子材料（如高密度聚乙烯）在超过载体熔解温度以后，熔融混合，然后冷却成型，冷却时，高熔点的载体先结晶，形成网状结构，低熔点的相变材料后凝固在网状结构中，石蜡则被束缚其中，由此形成定形相变石蜡。

林怡辉等人把硬脂酸与二氧化硅制成三维网络状有机—无机纳米复合储能材料，兼有两者优良性能；张仁元等人将无机盐混在陶瓷中得到无机盐—陶瓷基无机—无机复合储能材料，兼有显热与潜热储能性能。蒋长龙等将多元醇插入改性蒙脱土层间制得有机—无机复合储能材料，较好地解决了多元醇的蒸发问题。这些复合材料很好地解决了单一相变材料的导热系数较小、相变时产生液体腐蚀设备、污染环境等问题，拓宽了相变材料的应用范围。

2.填充物质与方法

多孔相变复合材料是利用具有大比表面积微孔结构的无机物或有机物作为支撑材料，通过微孔的毛细作用力或使用其他特殊的填充方法将液态的有机物、无机物相变蓄热材料（高于相变温度条件下）吸入微孔内，制成一种新型的形状稳定的相变储能材料。

多孔相变复合储能材料主要由两部分组成：其一为工作介质（如石蜡、聚乙二醇等），利用它的固—液相变来进行储能，工作物质可以使用常用的各种固—液相变材料，但用得较多的主要是有机类的相变材料。其二为载体基质（如高密度聚乙烯、多孔石墨、聚苯乙烯、聚丙烯等），其作用是作为相变材料的载体保持复合材料的不流动性和可加工性，所以它具有结构材料的一般特性，又具有相变功能。

这类相变材料在微观上是发生固—液相变进行储能控温的，但从相变材料的整个宏观特性上来看仍然保持其固体形状，因此在很大程度上可以替代固—固相变材料，其主要优点是：①在超过相变材料的相变温度时，材料在宏观上仍能保持其固体形态；②采用多孔介质作为相变物质的封装材料可使复合材料的结构与功能一体化、制备经济、相变换热效率高、导热性能得到改善等；③空隙率大，可容纳相变材料多，相变能量高。

3.存在的主要问题

在以多孔结构为载体的相变复合材料的研究中，值得注意的两个主要问题是可容纳相变材料的多少（即相变材料含量）及材料的多孔结构特征的控制方法。相变材料的含量决定了复合材料的蓄热密度、蓄热调温的能力和效果；而多孔结构特征不仅决定了相变材料进入材料孔隙的速率，相变材料的最终含量，而且还影响相变材料的相变行为。目前的制作工艺和研究成果还没有达到最理想的效果，多孔复合材料在多次相变循环使用后会出现以下问题：①适于刚性多孔材料，因为物理握持作用力较小，在受挤压或多次相变循环使用后，低熔点工作物质在熔融后通过扩散迁移作用与载体基质间出现相分离而渗漏；②相变物质加入多孔材料后，相对于纯相变材料的蓄热能力有所下降，因为存在杂质和耗能表面；③相变复合材料存在明显的老化现象；④一般此类复合材料的尺度偏大，因为孔洞偏大，故只适合制备片状和板状材料，制备纤维状的材料有相当的难度。

（五）纺丝成形法

纺丝成形法包括复合纺丝和静电纺丝等方式。聚合物纤维的网状结构将给予相变材料一定的支撑，获得形状稳定的相变复合材料。

1. 复合纺丝法

复合纺丝法可以将相变材料熔体为芯层，聚合物材料为皮层，采用复合纺丝设备制备核壳结构相变纤维。例如，张兴祥等采用熔融复合纺丝方法制备了 PP/PEG1000～2000 皮芯复合相变纤维，用其制备的非织造布具有一定的蓄热调温功能。吴超等以脂肪酸酯类和高级脂肪族醇类相变材料为芯层，聚酰胺 6 为皮层，以质量比 3∶7 的比例进行复合纺丝制备出了熔融焓达 66.12J/g 的复合相变纤维。复合纺丝制备调温纤维工艺相对简单，也可以获得较高的相变物质含量，但存在可纺性差，相变物质从纤维断面或破损处渗漏等问题。

2. 静电纺丝法

可以采用静电纺丝的方式制备共混复合纤维或具有皮芯结构的复合纤维。Xi 等人通过静电纺丝法制备了超细弹性聚氨酯相变纤维。该纤维直径为 300～1500nm，相变潜热为 80.99J/g。Lu 等通过静电纺丝法制备了以石蜡为芯层，以聚丙烯腈为皮层的调温纤维。实验表明该纤维的相变潜热为 60.31J/g，且在 500 次加热—冷却循环后，潜热没有明显变化，具有良好的稳定性。Sarier 等用聚丙烯腈与不同分子量的 PEG 混合静电纺丝获得了热焓值达 126J/g 的复合相变纤维。Lagarón 等通过乳液同轴静电纺丝获得了包覆率为 41.6%，热焓值为 48.6J/g 的核—壳结构复合相变纤维。Sun 等以正十八烷为芯层，利用同轴静电纺丝制备了包裹率为 46.4%、潜热值为 105.9J/g 的相变纤维。与普通相变材料类似，静电纺丝法制备的相变复合纤维导热率一般较低，可以通过添加金属、碳纳米管、SiO_2 等导热性粒子来提高导热率，例如，Ke 在 LA-PA/PET 的复合溶液中添加 $AgNO_3$，纺丝后再用紫外光照射原位还原制备银粒子，得到有更快的熔融和冷却速率的 LA-PA/PET/Ag 纤维。Cai 等以两相或多相脂肪酸共融体为相变材料与高分子聚合物混合静电纺丝制备复合相变纤维，并加入 SiO_2、碳纳米纤维和 Cu 等纳米颗粒以提高相变材料的热稳定性及热传导性能。本书第三章用静电纺丝法制备了 LA-SA/PAN/TiO_2 复合纤维与 PEG/PAN 纤维膜。

整体来说，静电纺丝法在制备定形相变复合材料方面还需解决大规模制备、热传导能力差和相变过程易泄漏及怎样获得更高潜热值等问题。

（六）其他制备技术

1. 压制烧结法

该法主要用于制备高温定形相变材料，其步骤是：首先将载体材料和工作物质磨成粉末，然后加入添加剂压制，最后在电阻炉中烧结。无盐/陶瓷基FSPCM由无机盐（或共晶盐）与陶瓷粉末经烧结复合而成，使用温度一般较高（大于400℃）。这种材料既利用陶瓷基材的显热，又利用无机盐的潜热，使用温度随无机盐种类不同而变（450～1100℃）。张仁元等成功制备了$Na_2CO_3-BaCO_3MgO$、Na_2SO_4/SiO_2两种无机盐/陶瓷基复合蓄热材料。这种材料应用于高温工业炉，既能起到节能降耗的作用，又可减小蓄热室的体积，有利于设备的微型化。

2. 溶胶—凝胶法

制备纳米粉体、纳米纤维、纳米膜、纳米复合及纳米组装材料时可以用溶胶—凝胶法。该方法的特点是反应条件温和。张静等以正硅酸乙酯（TEOS）为前驱体、棕榈酸（PA）为相变材料主体、无水乙醇为溶剂、盐酸为催化剂进行溶胶—凝胶反应，制备了$PA-SiO_2$纳米复合定形相变材料。由于SiO_2的热导率较高，使该复合材料的热导率和储/放热速率与纯棕榈酸相比得以提高。林怡辉等用相同的方法制备了硅胶/硬脂酸纳米复合相变材料，其相变焓可达163.2J/g，相变温度约为55.18℃。

3. 熔融共混法

熔融共混法是指利用工作物质和载体基质的相容性，熔融后混合在一起制成成分均匀的储能材料。熔融共混法制备的定形相变材料，其主要成分都是有机物，热导率小、阻燃性差，硬度、强度等也相对较低，不能独立作为建筑围护结构材料使用，但可将其做成储能模块用于地板辐射采暖系统或者墙体夹层，或者将其粉碎成小颗粒，混在石膏、水泥、混凝土等普通建筑材料中构成储能墙体材料。Ahmet制备了两种HDPE/石蜡复合材料，相变温度分别为37.8℃和55.7℃，相变潜热为147.6J/g和162.24J/g，石蜡的含量可达77%。

4. 插层法

插层法是利用层状硅酸盐作为主体，将有机相变材料作为客体插入主体的层间，制得纳米复合相变材料，主要方法有：①有机单体插层原位聚合；②聚合物液相插层复合；③聚合物熔融插层复合。李忠采用熔融插层法制备了癸酸/蒙脱土复合相变材料，相变温度为30.21℃，相变焓为120.43J/g，较好地克服了脂肪酸类相变材料单独使用时的缺点，有望在调温纺织纤维中得到应用。

采用这些方法制得的定形复合相变材料可以通过涂覆、填充和复合纺丝等方式与纺织材料相结合。

固—液定形相变材料在航天、纺织、电子产品热保护、太阳能利用、建筑节能、低温运输、军事等领域有着巨大的市场潜力和广阔的应用前景，对未来能源的供给、可持续发展起着重要的作用。但需要研究的问题还有很多：①如何提高传热能力。固—液定形相变材料中相变物质大多为有机物，由于有机物的传热能力有限，定形相变材料导热性受到了限制。目前，研究主要集中在通过掺杂来提高材料导热系数，但如何通过改善材料的结构和系统来提高传热性能是一个值得研究的问题。②如何提高稳定性。定形相变材料的热稳定性研究目前较多，但缺乏工程应用中稳定性研究，这极大地限制了定形相变材料的应用。

第二节 光热转换材料概述

光热转换材料可以通过自身的光热机制将光能转化为热能，并具有较高的能量转换效率和简单的制备工艺。

一、光热转换材料的类别及其特性

根据光热转换材料的组成，通常可分为碳基材料、金属基材料、有机材料和其他光热材料。

（一）碳基材料

碳基材料在可见光和近红外光区域有很强的光吸收能力，且具有稳定性高、价格低的优点。碳基材料在被光照射时，电子从低轨道跃迁到高轨道，通过电子—声子耦合被激发的电子发生松弛，吸收的光能借助于被激发的电子转移到整个晶格，导致温度升高。从0维到3维的各种碳基材料已经被设计和合成用于光热领域，包括碳纳米管（CNT）、膨胀石墨（EG）、炭黑纳米颗粒（CBNPs）、石墨烯等。

（二）金属基材料

金属基材料是一种具有局部表面等离子体共振（LSPR）效应的光热材料，它可以吸收较长波长的红外光并将其转化为热能。当光束照射在金属基纳米粒子时，如果金属基粒子表面自由电子的共振频率与入射光的频率相同，相干振荡将触发电子的集体激发。被激发的超热电子与电磁场发生共振，导致粒子内部的自由电子振荡，从而产生热能。振动的电子将会辐射电磁波，导致金属粒子的局部表面温度迅速升高。此外，大多数金属基纳米颗粒或复合材料都具有优异的导热性能。金属基材料主要包括金属纳米材料（Au、Ag、Fe、Cu、Pd、Zr等）及其化合物（Fe_3O_4、CuO、ZnO、Ti_4O_7、CuS、TiC、ZrC等）。

碳化锆（ZrC）是一种具有陶瓷和金属双重性能的材料，如高熔点（3540℃）、高模量（440GPa）和高硬度（30GPa ~ 35GPa）、热化学稳定性及优异的机械性能。碳化锆是一种高效的光热转换材料，可以吸收太阳能并转化为热能。目前可以通过脉冲激光沉积、溅射、化学气相沉积或电子束沉积工艺来实现碳化锆与纺织纱线的结合。本书第四章即采用浆纱涂覆法制备了碳化锆基光热转换复合纱线。

（三）有机材料

有机光热转换材料具有优异的光吸收率、光稳定性和光热转换效率，易于制备和加工，并且其光吸收能力可以在很大范围内调节。有机材料的光热转化机理与碳基材料相似。经过辐照后，电荷转移因价带和导带之间的间隙变小而加剧并导致晶格振动，使有机材料的局域温度升高。目前，有机光热材料主要包括吲哚青绿（ICG）、二酮吡咯（DPP）等小分子染料和共轭聚合物（聚吡咯、聚苯胺、聚多巴胺、噻吩等）。

（四）其他光热材料

由于表面等离子体共振（LSPR）效应，其他新兴的光热材料如MXene也显示出优异的光热性能。局域表面温度的升高传递到晶格声子，然后通过声子—声子耦合进行冷却，并将热量散发到周围介质中，从而提高了系统的局域温度。同样，由于碳化硅（SiC）在近红外区域的强吸收性和在可见光区域的高透射率，使其光热效率显著提高。

二、光热材料碳化锆在纺织领域的应用

Li等人以碳化锆为光热转换材料，通过湿法纺丝法制备了具有光热效应的黏胶复合纤维。该复合纤维的可见光吸收率可达90%，用红外灯照射60s时，与原黏胶纤维相比，温度可提高39.4℃。

Xu等人通过磁控溅射方法在涤纶织物表面沉积碳化锆薄膜。当碳化锆膜厚度为1920nm时，碳化锆沉积的织物在100s内导热系数只增加了0.0611W/m·K，但光热转换效率较高，在太阳光照射下，该织物在100s内表面温度可增加27.5℃。

Young等人通过静电纺丝法和以醋酸纤维素为碳源的热处理法制备碳化锆纳米纤维。在1600℃热处理条件下，碳化锆纳米纤维的平均直径为710nm，且该纤维的热辐射率可超过90%。

三、其他光热转换材料在纺织领域的应用

Yang 等人使用银纳米线（AgNW）通过浸渍和干燥方法制备了柔性导电织物。与未处理织物相比，该织物具有出色的光热转换性能，在太阳光照射下，表面温度可提高 50%。

Tolesa 等人制备了具有还原性的氧化钨和聚氨酯纳米复合材料。该复合材料在近红外范围内表现出较优异的光吸收和光热转换性能，其具有 92% 的光热转化率及高导热率和吸收率。用红外灯照射该复合材料 5min 时，其表面温度可达 120℃，比纯聚氨酯材料高 52℃。

Cheng 等人通过将硫化铜和聚多巴胺纳米复合物沉积在棉织物表面得到复合织物。该复合织物具有优异的光热转换性能，用红外灯照射该复合织物 40s 时，其表面温度可达 62.1℃。

此前的研究大多集中于单一的光热转化功能，目前光热转化协同相变温度调节功能的研究则在逐渐增多，实现光热转换与相变调温的协同作用，在热量管理纺织领域具有良好的现实意义。

四、相变材料与光热转换材料的结合

虽然相变材料在传统的热管理和热能储存中扮演着重要的角色，但为了满足特定环境和多功能的要求，开发更先进、更实用的复合相变材料势在必行。新兴的光响应材料，如光热材料、光致发光材料、光催化材料等，由于其独特的光响应性和其他特性，给相变材料领域带来了新的潜力。通常情况下，相变材料的储能要求被动吸热使其温度高于熔点，这在实际应用中有很大的局限性。例如，在许多极端环境或特殊要求下，相变材料的实际温度不在融化及凝固温度范围内，因此相变材料不能有效地储存和释放热能。但含有光热材料的复合相变材料能够快速响应光并主动达到特定环境的要求。该相变复合材料可以高效、精确地控制储能过程，而不是被动地通过吸热来储能。此外，由于光响应材料与相变材料之间的协同作用，赋予了相变材料一些新的功能，可以满足日益增长的多功能应用需求。

氧化铜因为对紫外光、可见光和红外光的强吸收而被用于太阳能光催化和太阳能光热转换。通过在相变微胶囊外壳中掺杂氧化铜纳米粒子，所得微胶囊具有紫外屏蔽和太阳能转换功能及潜热储存能力。Zhang 等人制备了具有银/二氧化硅的微胶囊。实验表明该微胶囊除了调温储热之外还实现了光催化和抗菌效果。Zhao 等人用掺杂二氧化钛的聚甲基丙烯酸甲酯壳包覆十八烷，成功制备了具有热能储存和紫外屏蔽功能的微胶囊。实验表明该微胶囊可将紫外线强度降低约 50%。Sun 等人设计并制备了一种聚苯胺/碳纳米管的功能性微胶囊。该微胶囊具有超过 140J/g 的高潜热储存容量。

Yang等人以三聚氰胺海绵为支撑材料，以石蜡为相变材料，以还原氧化石墨烯和碳化锆为光热转换材料和导热添加剂，制备了复合相变材料。该复合相变材料具有较好的形状稳定性及优异的蓄热能力，相变潜热为137J/g，光热转换效率可达81%，与纯石蜡相比，导热系数增加了121%。Chen等人以碳纳米管海绵为支撑材料，以石蜡为相变材料，制备了多功能复合相变材料。该复合材料在小电压（1.5V）下具有较高的电热或光热存储效率，效率可达60%，相变潜热为138.2J/g，与纯石蜡相比，导热系数有所增加。Mishra等人将碳纳米管引入基于月桂酸的相变材料中，以增强太阳能存储应用的光热转换。实验表明当碳纳米管浓度为3.5%时，复合相变材料的光热效率提高了134%。

这些新颖的设计使相变材料获得许多附加功能，并极大地拓展了其在许多领域的应用。如何在纺织领域实现这些功能并达到连续化生产，还存在很多的挑战。

第三节　其他蓄热调温材料

能够积极产热提升纺织材料温度的还有电能发热类材料、吸湿发热类材料和化学能发热类材料。

一、电能发热类材料

电能发热类材料一般是将金属丝、碳纤维、石墨烯、碳纳米管等导电材料安装在纺织成品之中，利用电能转化的热能来提升材料的温度，达到御寒保暖的目的。该材料在纺织服装领域已有较广泛的应用。王璐等对金属纤维丝和碳纳米膜进行了电热加温试验，结果表明：在特定的电压下，两种材料的温度都会上升，都具有较好的电加热特性。随着柔性可穿戴技术的发展，有些电加热服装不仅能实现智能控温，还能进行通信和健康监测。例如，美国Malden Mills公司开发的智能加热服装兼具加热保暖和资料传送及通信的功能。

二、吸湿发热类材料

吸湿发热机理的解释有两种：一是动能转化为热能，利用材料中的强亲水基团吸附空气中的气态水分子，使其由动态转变为静态，从而释放一定的热能；二是液化反应放热，气态水分子被吸湿材料吸收后继而转变为液态而释放热能。例如，日本东洋纺公司开发的

Eks纤维，是将氨基、羧基等亲水性官能团交联到聚丙烯酸分子中制得，在标准大气压下，Eks纤维的吸湿放热量约为羊毛的2倍。吴炳烨等将聚丙烯酸钠添加黏胶液进行共混湿法纺丝，制备出吸湿发热性能明显优于普通黏胶纤维的改性黏胶纤维。吸湿发热类材料具有良好的发热效果，但往往散热较快，在发热过程的控制及持续发热等方面还有待提升。

三、化学能发热类材料

化学能发热类材料是将化学反应中的化学能转换成热能，从而起到保暖作用。比如在纺丝原液中添加铁粉纺制纤维，铁粉在空气中发生氧化反应而产生热量，市场上的一些保暖贴就是利用了这一原理。化学发热制品用来产生热量的化学反应一般是不可逆的，因此大部分产品属于一次性用品。

积极产热式材料不同于传统的消极式阻止热量散失的材料，能够自主产生热量以提升温度达到保暖效果，若能将这些热量通过一定的方式储存起来以获得持久蓄热复合材料，对新型蓄热调温纺织材料的开发将具有重要的理论价值和现实意义。

在后续材料制备的过程中，笔者选用不锈钢丝为芯纱，聚乙二醇为相变材料，棉为外包材料，成功制备出具有皮芯结构的相变导电复合纱，实现相变和电热功能的复合。

第二章

PEG/PU 柔性多孔相变膜

一、膜表面孔

膜表面有两种孔，呈双峰分布。第一种孔是聚集孔，源于聚合物聚集体的间隙空间；第二种孔是网状孔，是聚合物聚集体内部聚合物链段之间的空间。非溶剂添加剂含量增大，聚集孔增大。聚合物浓度变化造成聚集体大小和聚集体内部聚合物链段的分布发生变化，从而影响孔径。有学者认为膜结构中存在三种孔：聚结孔、网状孔和液—液相分离时贫相所形成的相分离孔。膜液中形成的聚集体的大小和形状在溶剂蒸发和凝胶过程中会发生变化，聚集体可以通过脱溶剂化变小；而表面张力或界面张力的差异也可能使聚集体进一步变小，聚集体堆积更加紧密。这样，聚集孔的孔径就会变小。双峰分布中的第二种孔来源于液—液相分离产生的贫相区，该区域被聚合物聚集体包围，其孔径由液—液相分离的条件决定，在饱和蒸汽中蒸发或者凝固浴中加入溶剂，都可以制备出孔径达到微米级的孔。而第一种孔则应包括网状孔和聚集孔。

关于表面孔的形态，有圆形孔、链状孔（也叫裂纹孔），学者对不同孔形成的机理进行了研究，认为这与分相后期的粗化过程有关。所谓相结构粗化现象，指的是相分离后出现的聚合物浓相和聚合物稀相的形态通过长大、并聚、变形等变化，其几何形态和尺寸发生了变化，通过这种相结构的粗化过程，液—液分相（成核生长和旋节线分相）机理得到的膜孔间可能出现相通结构，从而改善膜性能。具体的粗化过程有两种解释：一种基于奥斯瓦尔德熟化过程，由于稀相核与周围溶液的浓度梯度，导致溶剂从周围溶液中流入稀相核中，从而使稀相核长大，但是只有大于一定临界核体积的核才能长大；另一种解释是稀相核的并聚导致核长大。实验表明，熟化和并聚机理其实在成膜过程中都存在，只是在不同条件下起的作用大小不同，在较低黏度的基体中，并聚机理占优势；而当基体中含量很小的组分的溶解性和扩散性很大时，熟化作用占优势。低聚合物浓度和低的铸膜液温度均有利于稀相核的粗化过程。阿克萨库尔实验所使用的铸膜液的溶剂/非溶剂对具有强相互作用，使制膜体系直接进入旋节线分相，形成双连续结构。由于聚合物浓度低，在膜固化前有足够的时间进行粗化过程，因此表面孔由于双连续结构形成的链状孔演变为圆形孔。而当浓度高时，相分离后根本没有时间进行粗化过程膜就已经固化，所以孔保留在相分离时的链状形。对于铸膜液温度的影响，当温度低时，分相时间长，有更多的时间进行粗化过程，使膜表面由旋节线分相形成的双连续结构即链状孔演变为圆形孔；当温度高时，相分离时间短，固化过程快，于是表面链状孔没有时间进行粗化，被保留下来。在下面叙述的各种膜结构中，粗化过程对它们的形成都有很大的影响。

二、胞腔状结构或海绵状结构

胞腔状结构是由延时液—液分相过程中贫相的成核—生长产生的，常见的有封闭的胞腔状结构和互穿的胞腔状结构。前一种孔结构常伴随生成一个致密皮层，这种结构是由于双节线延时液—液分相过程被体系凝胶化或富相的固化所终止而产生的，具有此类结构的膜可用于气体分离、渗透汽化和反渗透。互穿的胞腔状结构则是由于双节线液—液分相生成的孔在生长的后期发生孔的凝聚，孔之间相互挤压，最终形成多边形互相连通的孔，这种结构也可由膜液发生旋节线相分离而生成。大多数的微滤膜都是这种开孔结构，很多超滤膜的底层也呈互穿的胞腔状结构。

热力学和动力学各参数对延迟时间及聚合物浓度的影响见表2-1，延迟时间越长应该越有利于胞腔状孔结构的发展，铸膜液组成对膜形态的影响都可以用延迟时间来进行解释。当铸膜液中加入非溶剂时，延迟时间减少，皮层的厚度也会变薄。膜中的胞腔状孔结构尺寸会随着聚合物浓度的升高而降低，接近从延时分相向瞬时分相的转变，就得到大孔结构；当非溶剂浓度非常高时，又不利于大孔的生成。

表2-1　热力学和动力学各参数对延迟时间及聚合物浓度的影响

参数	湿膜厚度↑	χ_{12}↑	χ_{23}↑	χ_{13}↑	R（V_1/V_3）↑	s（V_1/V_2）↑
延迟时间	↑	↑	—	↓	—	—
界面膜侧聚合物浓度	—	↓	—	—	—	—

参数	φ_1↑	φ_2↑	φ_3↑	R_{12}↑/D_{12}↓	R_{23}↑/s_{23}↓	R_{13}↑/s_{13}↓
延迟时间	↓	↑	↑	—	↓	↑
界面膜侧聚合物浓度	—/↓	↑	↓	？	↑	？

注　↑：增加，↓：下降，—：没有或忽略影响，？：不确定，φ_i：组分i的体积分数，V_i：组分i的摩尔体积，χ：非溶剂、溶剂、聚合物间的相互作用参数，R_{ij}：摩擦系数，D_{12}：扩散系数，s_{23}：沉降系数，$i=1$非溶剂，$i=2$溶剂，$i=3$聚合物，b溶液中，c凝固浴中。

当在凝固浴中加入溶剂时，延迟时间增加，在界面处的聚合物浓度将会降低，这有利于上层的相分离及初生膜中贫相的生长。韦曼斯证实了凝固浴中溶剂量超过最小值，所得的膜就有多孔的皮层，并且大孔可以消失。最小值由使用的非溶剂能力来决定。多孔的内表面的纤维就是向内凝固浴中加入溶剂而得到的。聚合物浓度增加将会增加皮层的厚度、降低膜的孔隙率和膜孔之间的相互贯穿性，并且大孔会减少，胞腔状孔结构在膜中的尺寸会增大。

三、球粒结构

球粒结构通常由直径25～200nm的部分粘连的小球珠形成，普遍存在于膜孔的内壁及膜的皮层。有学者认为疏水性聚合物膜中球粒的直径大于亲水性聚合物膜的球粒直径。一般认为膜孔内壁的球粒结构是由发生双节线液—液相分离时聚合物富相的成核生长产生；而在皮层由于脱溶剂速度非常快，聚合物浓度往往高于临界点浓度，因此认为球粒结构的形成可能与旋节线相分离有关。文献中关于球粒结构成因的理论假说尚不一致，主要有胶束或聚集体、聚合物富相成核及旋节线相分离理论。对于结晶性聚合物成膜，液—固分相（结晶化）过程对于球粒结构的生成起到了很大作用。

四、双连续结构

膜的双连续结构形态通常认为是由聚合物溶液经旋节线液—液分相而形成的。体系组成变化经相图中临界点进入旋节线液—液分相区，由于聚合物溶液体系直接进入由旋节线形成的非稳态分相区，体系将迅速形成由贫相微区和富相微区相互交错而成的液—液分相体系，所形成的结构为双连续结构，即贫相和富相完全互相交错连接，这种结构经聚合物的相转变固化作用将最终形成双连续膜结构形态。有些学者则认为双连续结构是由于球粒聚集而形成的。该类结构形态的多孔膜，由于具有高渗透性的纤维状网络结构，特别适用于微滤膜和超滤膜。

关于双连续结构是由于旋节线液—液分相所致还存在着争议，首先，根据传质模型理论，在旋节线区扩散驱动力是等于零的；其次，韦曼斯和斯莫尔德的研究表明双节线液—液分相是很迅速的，完全可以阻止溶液组成进入旋节线分相区。滨德认为在旋节线附近区域，双节线分相和旋节线分相互相类似，在亚稳区通过深度淬冷，也可以得到相互连通孔结构。如果胞腔状结构是由于贫相成核生长形成、球粒状结构又要归功于富相生长机理，那么将双连续结构的生成归功于旋节线分相似乎合理。另外，双连续结构常常含有球体也是对分相机制的一个争议。

五、大孔结构

膜中大孔结构通常为大的长形孔，有指状、锥形和泪滴等形状，有时该类大孔结构能贯穿于整个膜的厚度。在制膜过程中，通常不希望形成大孔结构，因为该类结构将降低膜的机械强度。大孔生成的一些实验现象如下：

（1）大孔结构常产生于发生瞬时液—液分相行为的制膜体系中，其生长速度比凝胶前锋的移动速度快，表明有利于形成多孔膜的因素也有利于形成大孔。

（2）形成大孔的铸膜液体系中，溶剂/非溶剂的相互作用参数小，即相互亲和性好，常见的溶剂/非溶剂体系包括二甲基亚砜/水、二甲基甲酰胺/水、$N-$甲基吡咯烷酮/水、二甲基乙酰胺/水和二噁烷/水。这些溶剂和水之间的亲和力很强，不论选择何种聚合物，这些体系都会形成大孔结构。

（3）使体系发生延时分相的方法都可以抑制大孔结构的发展，甚至使大孔结构消失，如提高聚合物溶液浓度、铸膜液中添加一定量的非溶剂、凝胶浴中添加部分溶剂。

（4）延长蒸发时间倾向于减少大孔的尺寸甚至抑制大孔的生成。

（5）大孔孔壁通常是多孔的，说明大孔与周围的贫聚合物相的聚并是可能的。

（6）如果膜中只有少数大孔存在，那么大孔的形状一般是梨形，如果膜中有很多大孔，那么这些大孔是高度拉长的形状。

第二节　PEG 及其二元体系相变特征

一、PEG 的概述

PEG（聚乙二醇）是一种很好的高分子化合物类的相变材料。分子量不同的 PEG 的物理形态可从白色黏稠液体（分子量为 200～700），到蜡状半透明固体（分子量为 1000～2000），直至坚硬的蜡状固体（分子量大于 2000）。PEG 与热水互溶，并可溶于多种溶剂，具有很好的稳定性和润滑性，低毒且无刺激性，分子量可调。这种相变材料，由于它是具有一定分子量分布的混合物，并且由于分子链较长，结晶并不完全，因此它的相变过程有一个熔融温度范围。单一组分的 PEG 熔融吸热量和熔融温度与分子量存在很大的相关性，即具有温度可调性，其分子量越大，熔融温度越高、熔融热越大。理论上虽能选择不同分子量的 PEG 来满足实际要求，但材料的加工难度较高。将不同分子量的 PEG 混合可克服此问题，尤其合理混配不同分子量的聚乙二醇，可得到适合服用自适性相变纤维材料的工作物质。对此聚乙二醇二元体系的相变行为进行分析，可提供较优的配伍方式。

二、不同分子量的PEG二元体系的混配

考虑激发点温度的可调性和材料的固体化程度取PEG（聚乙二醇）的名义分子量分别为1000、2000、4000、6000、20000。其各自的物理、化学特征见表2-2。

表2-2　实验所用PEG样品的物理、化学特性

名称	性状	溶剂
PEG1000	白色或微黄色膏状固体	水、乙醇、丙酮
PEG2000	白色或浅黄色蜡状物或片状物	水、乙醇、丙酮
PEG4000	白色或浅黄色蜡状颗粒或片状物	水、乙醇、丙酮
PEG6000	白色或浅黄色蜡状颗粒或片状物	水、醇
PEG20000	白色坚硬蜡状固体或薄片	丙酮

将PEG按等质量百分比进行两两混配。在玻璃烧瓶内将混合物水浴加热至清亮的液体，并高速搅拌使混合物混合均匀；在烘箱中持续干燥4h后放置于干燥器中冷却，再研磨成细粉末。混配的试样与编号如表2-3所示。

表2-3　混配试样编号

分子量	1000	2000	4000	6000	20000
1000		1	2	3	4
2000			5	6	7
4000				8	9
6000					10
20000					

三、不同组分的PEG1000/2000二元体系的混配

为了深入了解PEG二元体系的相变性能，进一步研究PEG二元体系的相变焓、相转变温度与二元体系组分之间关系，从而对相变温度进行较为精确的控制，对两种不同分子量的PEG（1000/2000）按1/9、2/8、3/7、4/6、5/5、6/4、7/3、8/2、9/1的比率9个级别进行熔融混合，制成样品。

四、PEG系列及其二元体系的DSC测试

（一）测试仪器

NETZSCH DSC204 F1(热流型DSC)热分析仪器。

（二）测试条件

用铝制坩埚称取5~10mg的样品，在氮气的（20mL/min）保护气和吹扫气60mL/min的条件下，先在0℃时保温10min，再以10℃/min的升温速度等速升温到100℃，并在100℃时保温10min，然后以10℃/min的降温速度等速降温到0℃。

五、PEG系列的DSC分析

（一）PEG的DSC曲线特征

不同分子量PEG的DSC图如图2-1、图2-2所示。从图中可以看出各种分子量的PEG有明显的吸热和放热峰，各曲线峰的形状、大小、位置等随PEG的平均分子量的不同而不同。除了PEG1000峰尖较钝，峰的面积较小外，其他的PEG的峰都比较尖锐，面积也较大。说明PEG1000~20000都可以用作相应条件下的储能材料。

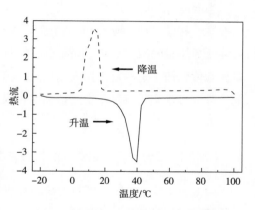

图2-1　PEG1000的升降温DSC曲线

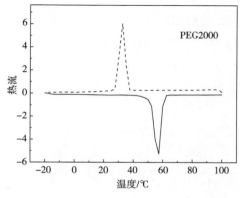

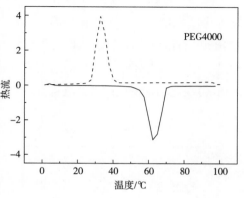

图2-2

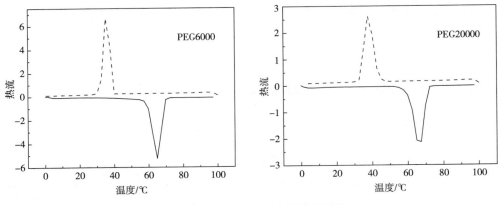

图2-2　不同分子量PEG的DSC曲线

（二）升降温时PEG的结晶变化特征

当温度升高时，PEG吸收热量，其大分子的热运动急剧加强，材料由固体形态开始逐渐变软，持续升温则导致PEG分子规整排列、结晶状态和分子间的结合力逐渐遭到破坏，最终变成熔融的液体形态。当温度降低时，PEG大分子微粒将有规则地排列起来，开始时是少数微粒按一定的规律排列而形成晶核，然后围绕这些晶核成长为一个个的小晶粒。因此，凝固过程实质就是产生晶核和晶核成长的过程，这两种过程是同时产生的而且又同时进行着。

（三）PEG分子量对相变温度和相变焓的影响

由表2-4数据可知，PEG的熔融吸热量（ΔH_1）和熔融温度（T_{p1}）均存在很大的分子量依赖性，结晶放热量（ΔH_2）和结晶温度（T_{P2}）数据亦表现出了与等速升温过程相似的分子量依存性。

不同分子量PEG的相变温度在45～70℃之间，随着聚合度的增加，PEG分子间的范德华力也随之增大，导致其相变温度升高。另外，随着聚合度的增加相变焓也变大，但PEG20000的相变焓反而是变低。这是因为聚合度过大，则PEG链过长，导致链之间容易缠结。阻碍形成规整结晶，使结晶度下降，相变焓降低。不同分子量PEG的相变焓在110～200J/g之间，可以用作储能材料。

表2-4　不同分子量PEG的DSC实验主要测试数据

PEG 分子量	升温				降温			
	T_{on1}(℃)	T_{end1}(℃)	T_{p1}(℃)	ΔH_1(J/g)	T_{on2}(℃)	T_{end2}(℃)	T_{p2}(℃)	ΔH_2(J/g)
1000	32.3	42.3	39.5	113.8	11.7	22.6	13.4	115.2
2000	52.5	60.3	56.8	185.2	29.1	36.3	31.9	186.0

PEG 分子量	升温				降温			
	$T_{on1}(℃)$	$T_{end1}(℃)$	$T_{p1}(℃)$	$\Delta H_1(J/g)$	$T_{on2}(℃)$	$T_{end2}(℃)$	$T_{p2}(℃)$	$\Delta H_2(J/g)$
4000	58.8	68.4	64	168.0	28.7	37.9	33.9	159.4
6000	59.7	68.9	65.2	197.3	32.3	38.7	38.5	184.8
20000	66.7	76.4	68.7	187.1	33.8	42.9	39.9	160.7

注 ΔH_1：熔融吸热量，T_{p1}：熔融温度，T_{on1}：开始熔融温度，T_{end1}：熔融终止温度，ΔH_2：结晶放热量，T_{p2}：结晶温度，T_{on2}：开始结晶温度，T_{end2}：结晶终止温度。

（四）不同分子量的PEG二元体系的DSC分析

为了选取复合需要的PEG二元体系，按照表2-3的顺序，将不同分子量配比的PEG二元体系进行DSC实验，PEG1000/2000二元体系的升降温相变行为曲线如图2-3所示，其特征指标见表2-5。

由图2-3可以看出，PEG二元体系的DSC图谱并不是体系中两组分单独时DSC图谱的简单相加，而是出现了两个大小不一的吸热峰和放热峰。这说明不同分子量的PEG两组分，混合前后所处的物理状态不同。

图2-4为PEG1000系列二元体系的升温DSC曲线。由此可看出，二元体系的转变峰与纯组分相比明显向右偏移，转变峰的高度也比纯组分低。若在测量的温度范围内混合物的升温DSC为单峰，表明混合已达分子水平。若有多峰现象则说明组分间的相容性不太好或混合不均匀。图2-5为PEG1000系列二元体系的降温DSC曲线。可以看出，降温曲线与升温曲线有相似的偏移趋势。对照表2-6可以发现，每一体系的转变温度、转变热在降温过程中的绝对数值较升温过程低，这是由于二元体系的过冷引起的。过冷现象是影响相变材料蓄热性能的一个重要因素，过冷会使相变材料的应用受到限制。

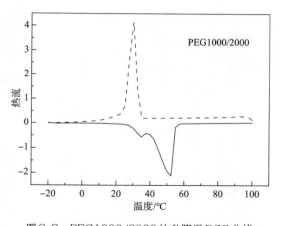

图2-3　PEG1000/2000的升降温DSC曲线

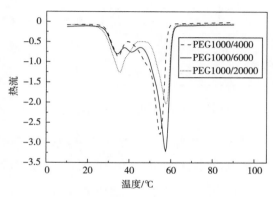

图2-4　PEG1000系列二元体系的升温DSC曲线

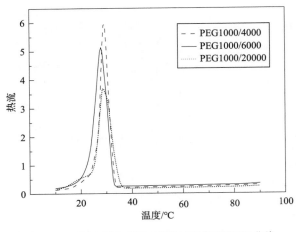

图2-5　PEG1000系列二元体系的降温DSC曲线

实验发现PEG二元体系的升温曲线要比降温曲线复杂，分子量差距越大，两者共混越难达到分子级别，容易出现多峰；而PEG1000/2000则相对更容易共混达到分子级别，不会出现明显的双峰情况，且对比表2-4和表2-6可知PEG1000/2000相变温度较为合适，相变焓比单纯的PEG1000要高，因此选取它作为符合要求的二元体系，作为蓄热调温纺织品的工作物质。

表2-5中的特征参数值显示PEG二元体系的升温和降温的相变行为虽有差异，但过冷特征不明显，对储能实用影响不大，可作为后期的混配使用。

表2-5　不同配比PEG二元体系的DSC实验主要测试数据

序号	升温				降温			
	T_{on1}/℃	T_{end1}/℃	T_{p1}/℃	ΔH_1/(J/g)	T_{on2}/℃	T_{end2}/℃	T_{p2}/℃	ΔH_2/(J/g)
1	42.8	55.2	50.8	181.7	24.2	33.7	31.4	155.3
2	50.5	58.1	54.2	175.7	25.6	32.6	30.7	152.2
3	53.0	60.3	56.7	195.6	23.2	32.6	29.3	159.3
4	51.6	60.3	57.1	166.2	25.5	34.5	29.9	105.1
5	52.5	61.9	57.3	162.1	29.9	37.6	35.7	160.6
6	52.4	61.9	57.3	179	29.6	37.7	35.3	177.8
7	53.2	62.4	58.1	192.5	30.1	39.8	36.2	197.6
8	55.6	64.0	58.6	176.4	30.1	35.7	33.7	179.7
9	55.9	67.2	59.5	187.7	29.6	38.3	36.4	188.4
10	56.3	69.5	60.4	185.5	30.3	38.6	37.1	186.2

（五）不同组分的PEG1000/2000的DSC分析

从上面实验可知，PEG二元体系的相变温度在其两个单体的相变温度范围之间，为了达到对相变温度更进一步的控制，将已选取的PEG1000/2000按不同的比例共混进行DSC实验，其测试结果如表2-6所示：

表2-6　不同组分的PEG1000/2000 DSC实验主要测试数据

PEG质量比 1000/2000	升温				降温			
	T_{on1}/℃	T_{end1}/℃	T_{p1}/℃	ΔH_1/(J/g)	T_{on2}/℃	T_{end2}/℃	T_{p2}/℃	ΔH_2/(J/g)
1:9	55.0	56.0	55.6	182.6	28.5	35.6	34.1	187.1
2:8	48.3	58.1	53.1	180.4	27.6	35.3	33.5	171.4
3:7	48.0	57.6	52.8	181.5	27.0	35.0	32.8	165.0
4:6	46.8	56.0	52.0	173.4	26.9	34.5	32.8	158.2
5:5	42.8	55.2	50.8	181.7	24.2	33.7	31.4	155.3
6:4	43.5	54.0	50.5	166.5	25.7	33.5	31.5	140.3
7:3	28.8	52.9	49.6	169.4	24.6	32.7	30.5	154.4
8:2	39.8	50.9	46.1	171.0	23.4	31.6	29.0	146.9
9:1	27.5	49.0	45.5	156.7	21.4	30.3	28.3	138.8

从表2-6中可以看出，随着PEG1000/2000二元体系中PEG1000含量的增加，二元体系PEG1000/2000的相变峰值温度和相变焓逐渐降低，但整体变化幅度不大，熔融温度峰值的波动在10℃左右，结晶温度峰值的波动为6℃左右，熔融吸热量的波动约为26J/g，结晶放热量的波动约为48J/g。

通过以上实验结果的分析和讨论，可知在两个单体的相变温度范围内，二元体系的相变温度仍具有可调性，可以通过改变两个单体的组分来精确控制二元体系相变点的温度。

第三节　PU/PEG 复合相变膜孔结构及其力学性能

一、多孔相变膜的制备成形

多孔相变膜的制备工艺主要分以下三个步骤：

（1）共混液的配制：按比率分别称取一定量的PEG、液态聚氨酯PU、溶剂二甲基甲酰胺、添加剂碳酸铵。将白色薄片状或蜡状的固态PEG与含固率30%的液态PU、溶剂二甲基甲酰胺混合，低温加热至PEG熔融，并高速搅拌使PEG与PU混合均匀；同时用高速万能粉碎机将碳酸铵粉碎成粉末状，加入少量的二甲基甲酰胺调制成白色乳液；待PEG与PU的共混液冷却至室温时，将两种液体混合，再次搅拌使碳酸铵粉末在共混液中分散均匀；抽真空脱去气泡制成成膜液。

（2）铸膜：在室温下，将成膜液倾倒在自制的平行玻璃板模具上，用刮刀平行刮制成膜，静置2~3min，这时溶剂快速向空气中挥发，并吸收空气中的水蒸气，在其表面逐渐形成很薄的膜；然后平行放入凝固液中浸泡3~4min，在凝固液中，成膜液的表层溶剂二甲基甲酰胺迅速向凝固液中扩散，PU与二甲基甲酰胺瞬间产生相分离，凝固成膜，表层形成较薄的皮层。浸泡完毕后，用滤纸把表面的水吸干。

（3）恒温恒湿处理：待多孔相变膜的基本结构形成和固化后，放置在恒温恒湿箱中，在温度20~32℃、相对湿度为60%~80%条件下处理2~3h，随着溶剂二甲基甲酰胺的挥发，PU逐渐凝胶固化，其内部空隙逐渐生长，多孔结构基本形成；然后在温度为32~50℃、相对湿度为60%~80%的条件下，经热湿蒸汽处理2~3h。风干并放置一星期稳定成型。

二、多孔相变膜的孔结构和力学性能表征

（一）多孔相变膜的扫描电镜SEM分析

将多孔膜固定在试样台上，真空喷金后，用X-450电子显微镜（日本日立）观察试样的表面形貌、内部结构和横截面的特点。

（二）PU/PEG相变膜孔径表征

采用生物显微镜获取PU/PEG复合相变膜泡孔结构的二维图像，利用Matlab编写程序对泡孔底面面积进行测量和提取，最后根据泡孔底面面积与孔径的定量关系对PU/PEG复合相变膜的孔径及孔径分布进行表征，具体步骤如下：

1.二维泡孔结构图像的获取

从待分析的样品上，取3片尺寸为6mm×2.5mm的能代表样品整体泡孔结构特征的切片。然后利用生物显微镜对样品的底面泡孔进行观察，并拍摄成孔结构图像，图像放大倍数160~200倍。

2.泡孔底面孔径的测量

通过图像处理软件将显微镜下拍摄的照片中完整泡孔提取出来，并用Matlab自编程序完成对孔径的测量和统计，其步骤如下：

（1）采用PhotoStudio完成对所拍摄照片中完整孔结构的提取，利用显微测微尺校正一个像素所代表的实际尺寸（1像素等于0.00147601476015mm）；

（2）用Matlab编写图像处理程序，所取泡孔二值化处理，并设定程序参数，计算机对泡孔底面孔径等进行信息自动测量和统计；

（3）计算机输出结果。

（三）多孔相变膜的X射线衍射分析

所用仪器为Dmax-RA型X射线衍射仪（日本理学）。测试条件为：Cu-Kα射线，等电压40kV，等电流50mA，测角器转速8（°）/min，从2θ的10°~45°进行扫描，得到试样的X射线衍射强度2θ曲线。

（四）多孔相变膜的机械性能测试

将共混膜切成长10cm、宽2.8cm的长条，在Instron 5566万能材料强力仪上进行测试，牵伸速度100mm/min，夹距3cm，每种试样测5次求其算术平均值，测试温度为26℃，相对湿度为73%。

三、PEG含量对PU/PEG相变膜孔结构及力学性能的影响

选用PEG2000相变材料加入到PU/二甲基甲酰胺/碳酸铵（PU含固率16%、碳酸铵含量28.6%）铸膜液中，PEG质量百分比（后简称含量）分别为30%、40%、50%、60%。凝固浴为纯水；刮膜过程中，铸膜液、凝固浴和环境温度均为25℃，膜液体厚度为1.8mm；在恒温恒湿箱中处理时的温度和湿度分别为50℃和80%。

（一）PEG含量对相变膜孔结构及分布的影响

将不同含量的PEG添加到16%PU/二甲基甲酰胺铸膜液中浸入凝固浴得到的膜，其孔径分布如表2-7所示。

表2-7　不同含量PEG下PU/PEG膜孔径实测数据

PEG含量/%	最小孔径D_1/mm	最大孔径D_2/mm	平均孔径D/mm	D_2-D_1/mm
30	0.174	0.666	0.410	0.492
40	0.285	0.652	0.453	0.367
50	0.281	0.750	0.486	0.469
60	0.348	0.803	0.558	0.455

图2-6和图2-7为将不同含量PEG添加到PU/PEG/二甲基甲酰胺/碳酸铵铸膜液中浸入凝固浴得到的膜，其PEG含量与平均孔径的关系曲线和实测不同PEG含量相变膜孔径分布图（其特征指标参见表2-2）。由图2-6可以看出，随着PEG含量的增加，孔径逐渐增大；由图2-7可知，随着PEG含量的增加，曲线的峰值对应孔径发生偏移，呈逐渐增大趋势；而孔径分布范围变化不大。不同PEG含量的多孔相变膜的X射线衍射图（图2-8）表明各膜中PEG的结晶性是一致的，这些膜孔径的变化应该与PEG和铸膜液的相容性有关。

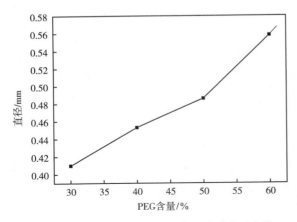

图2-6　PEG含量与PU/PEG膜孔径的关系曲线

通过不同含量PEG相变膜的孔径分布及电镜照片（图2-9）可知，随着PEG含量的增加，膜层由致密多孔结构趋于大孔结构，也就是说，随着PEG含量的增加，膜结构整体变得疏松。在制膜过程中，为了减少PEG在凝固浴中流失，在皮层产生瞬时分相并待结构稳定后，立即将膜从水凝固浴中取出，置于恒温恒湿条件下，进行液—固分相，其主要发生在膜的亚层。因此，在亚层液—固分相对膜孔结构的影响至关重要。

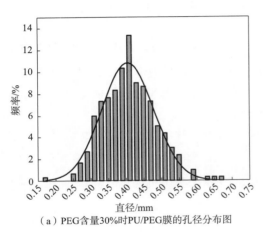

（a）PEG含量30%时PU/PEG膜的孔径分布图

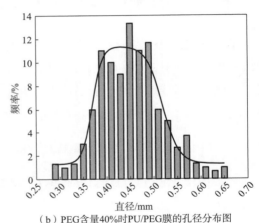

（b）PEG含量40%时PU/PEG膜的孔径分布图

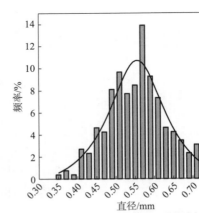

（c）PEG含量50%时PU/PEG膜的孔径分布图

（d）PEG含量60%时PU/PEG膜的孔径分布图

图2-7　不同PEG含量PU/PEG膜的孔径分布图

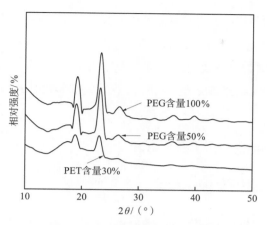

图 2-8　不同 PEG 含量的多孔相变膜的 X 射线衍射图

PEG 含量 30%

PEG 含量 60%

图 2-9　不同 PEG 含量时 PU/PEG 膜的电镜照片

　　膜亚层的形成受膜皮层结构的影响。在凝固浴中，亚层的铸膜液发生液—液分相，形成贫富两相，在连续不断扩散进亚层的水进入贫相核时，核周围的铸膜液中二甲基甲酰胺溶剂扩散进入核中使核不断长大，直至形成大孔。在孔周围的铸膜液发生相分离涉及共混物 PU 和 PEG 的相分离，即 PEG 随二甲基甲酰胺迁移到聚合物贫相中。为了使问题简单化，我们将成膜体系依然分为三个成分：铸膜液（PU 和二甲基甲酰胺）、PEG、非溶剂。因此 PEG 与铸膜液的亲和性带来的 PEG 迁移性和 PEG 体积变化引起的迁移性问题是大孔长大和抑制的关键。

　　随着 PEG 含量的增加，PEG 与铸膜液的亲和性下降，富相中 PEG 更易与 PU 相分离，随着溶剂进入贫相核，使贫相核前沿的聚合物体系稳定，有利于贫相核进一步长大成为更大的指状孔。此时，随 PEG 含量增加，PEG 与铸膜液的相容性降低带来的 PEG 更易分离，但是 PEG 含量进一步增加（含量增加到 60%），此时铸膜液黏度的增加使 PEG 迁移性下降，PEG 分子很难随二甲基甲酰胺扩散进入贫相核中，这样核前沿的铸膜液体系变得不稳定，发生相分离，产生新的贫相核，于是先前生成的核不能进一步长大，由此可以看出此时黏度的增加使扩散速度降低。因此当PEG含量增大时，分相速度减慢，由瞬时分相向延时液—液分相转变了，指状大孔的发展受到了抑制。再将其置于恒温恒湿条件下，PEG受热熔融，其黏度降低，同时碳酸铵分解，气泡上升，因此随着PEG含量增加，产生指状大孔结构。

（二）PEG含量对相变膜力学性能的影响

对不同PEG含量时PU/PEG相变膜进行力学性能测试，实测结果如表2-8所示。

表2-8　不同PEG含量时PU/PEG膜的力学性能

PEG的含量/%	力学性能			
	拉伸强度/MPa	断裂伸长率/%	断裂功/J	初始模量/（N/mm²）
30	0.8138	388.4	3.243	0.4516
40	0.5059	326.4	2.347	0.6729
50	0.4720	290.0	2.142	1.1600
55	0.3359	282.6	1.876	2.0520
60	0.5799	321.4	1.980	1.0080

从表2-8中的初始模量可以看出PEG含量增加时，初始模量变大，但后趋于稳定，相变膜弹性变差；而PEG含量增加会使膜的断裂功和拉伸强度都有所减小。图2-10为不同PEG含量时PU/PEG相变膜的拉伸曲线，可以明显地看出随着PEG含量的增加，断裂伸长率下降较大。当环境温度较高时，PEG含量很高的相变膜容易形成类似果冻的半透明的胶体状态，造成强力无法测试。

PEG的加入降低了PU的成膜性，随PEG含量增加，膜孔径增大，使膜的结构松散，力学性能变差。因此，单从相变膜力学性能的角度考虑，多孔相变膜的PEG的含量不宜过高。

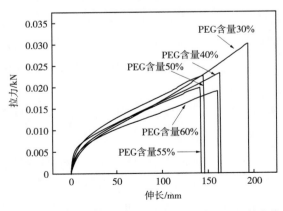

图2-10　不同PEG含量时PU/PEG相变膜的拉伸曲线

四、PU浓度对PU/PEG相变膜孔结构及其力学性能的影响

铸膜液体系为PU/PEG/二甲基甲酰胺/碳酸铵（PEG含量50%、碳酸铵含量28.6%），PU浓度分别为13%、15%、16%、17%、18%。凝固浴为纯水；刮膜过程中，铸膜液、凝固浴和环境温度均为25℃，膜液体厚度为1.8mm；在恒温恒湿箱中处理时的温度和湿度分别为50℃和80%。

（一）不同PU浓度对PU/PEG相变膜孔结构及分布的影响

对上述所制的相变膜进行测试，其孔径大小和分布如表2-9和图2-11所示。

可以看出，随着PU浓度的增加，孔径逐渐减小；孔径的大小分布在0.361～0.593mm；随PU浓度的增加，所有孔径趋于变小，且孔径分布区间减小。这也就说明，随着PU浓度的增加，铸膜液的黏度也增大，对泡孔的形成具有抑制作用，不同浓度PU的黏度如表2-10所示。

表2-9　不同PU浓度下PU/PEG膜的孔径实测数据

聚氨酯浓度/%	最小孔径D_1/mm	最大孔径D_2/mm	平均孔径D/mm	D_2-D_1/mm
13	0.402	0.810	0.593	0.408
15	0.283	0.840	0.569	0.557
16	0.217	0.620	0.430	0.403
17	0.215	0.525	0.361	0.310
18	0.197	0.581	0.353	0.384

表2-10　不同PU浓度下PU/PEG/二甲基甲酰胺溶液的黏度实测数据

PU浓度（%）	13	15	16	17	18
PU黏度（25℃）/mPa·s	600	1300	1600	2500	3500
PU/PEG黏度（25℃）/mPa·s	650	1050	1400	1700	2600

由表2-10可知当PU浓度由13%增加到18%时，溶液黏度大幅度增加，而这会导致二甲基甲酰胺/水交换速度降低，铸膜液中PU有时间进行晶核的生成从而产生液—固分相，也就是说，随着PU浓度的增加，皮层中液—固分相的地位越来越重要，直至成为主要的分相机制。

所以随着聚合物浓度的增加，分相时间延长，膜结构中大孔减少、海绵状结构增多。（图2-12）。

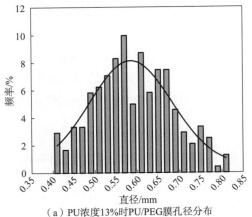

（a）PU浓度13%时PU/PEG膜孔径分布

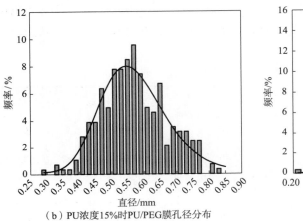

（b）PU浓度15%时PU/PEG膜孔径分布

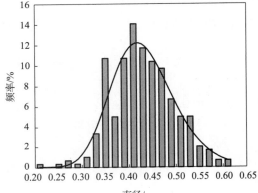

（c）PU浓度16%时PU/PEG膜孔径分布

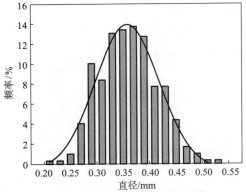

（d）PU浓度17%时PU/PEG膜孔径分布

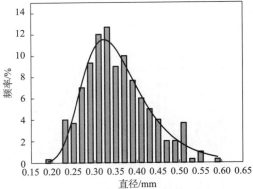

（e）PU浓度18%时PU/PEG膜孔径分布

图2-11 不同PU浓度时PU/PEG膜的孔径分布

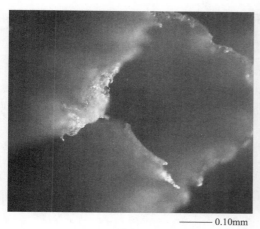
PU浓度13%

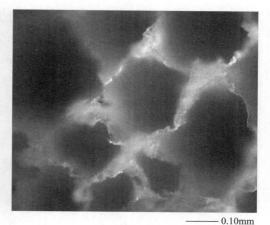
—— 0.10mm

PU浓度18%

图2-12　不同PU浓度时PU/PEG膜的显微镜照片

（二）不同PU浓度对PU/PEG相变膜力学性能的影响

对相变膜进行力学性能测试，结果如图2-13所示。

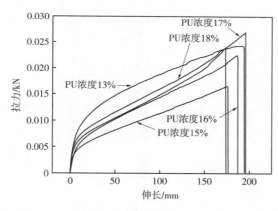

图2-13　不同PU浓度（质量分数）时PU/PEG相变膜的拉伸曲线

由图可知，PU浓度为13%时，膜的综合力学性能较好，这是由于低浓度铸膜在分相时，液—液分相向液—固分相转化缓慢，最终使皮层以液—液分相为主，且皮层结构偏厚，膜的韧性较好。PU浓度在15%～17%变化时，PU/PEG相变膜的拉伸强度和断裂伸长率随PU浓度增加而增加，但当PU浓度为18%时，有所降低。这说明在成膜过程中，PU浓度过大时，皮层可能出现瞬时分相，被皮层封住的亚层结构偏后且疏松，从而使膜的初始模量降低，断裂伸长率减小。

五、碳酸铵含量对PU／PEG相变膜孔结构及其力学性能的影响

铸膜液体系为碳酸铵／PU／PEG／二甲基甲酰胺（PU浓度16%、PEG含量50%），碳酸铵含量分别为12.8%、21.1%、28.6%、31.8%、34.8%。凝固浴为纯水；刮膜过程中，铸膜液、凝固浴和环境温度均为25℃，膜液体厚度1.8mm；在恒温恒湿箱中处理时温度和湿度分别为50℃和80%。

（一）不同碳酸铵含量对PU/PEG相变膜孔结构及分布的影响

将不同含量碳酸铵添加到PU浓度为16%、PEG含量为50%的体系中，制得相变膜并对其进行测试，其孔径实测数据如表2-11所示，孔径分布和形状如图2-14和图2-15所示。

表2-11　不同含量碳酸铵下PU／PEG膜孔径实测数据

碳酸铵含量／%	最小孔径D_1／mm	最大孔径D_2／mm	平均孔径D／mm	D_2—D_1／mm
12.8	0.336	0.839	0.596	0.503
21.1	0.366	0.837	0.597	0.471
28.6	0.313	0.733	0.480	0.420
31.8	0.292	0.642	0.456	0.350
34.8	0.257	0.741	0.465	0.484

通过表2-11、图2-14、图2-15可以看出，随碳酸铵含量的增加，孔径趋于减小，在含量大于28.6%后，孔径变化不大；相变膜孔径分布都呈峰值分布，其峰值孔径随碳酸铵含量的增加，而趋于减小。

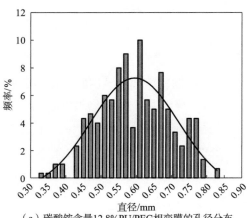

（a）碳酸铵含量12.8%PU/PEG相变膜的孔径分布

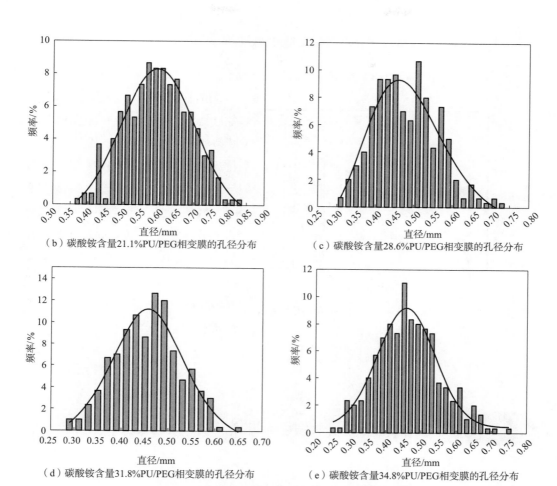

（b）碳酸铵含量21.1%PU/PEG相变膜的孔径分布　　　　（c）碳酸铵含量28.6%PU/PEG相变膜的孔径分布

（d）碳酸铵含量31.8%PU/PEG相变膜的孔径分布　　　　（e）碳酸铵含量34.8%PU/PEG相变膜的孔径分布

图2-14　不同碳酸铵含量时PU/PEG相变膜的孔径分布

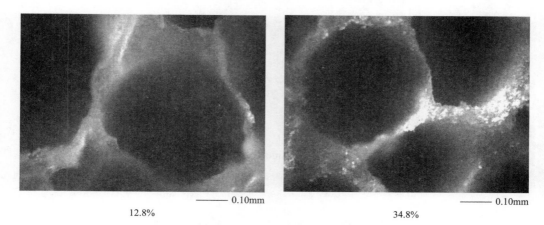

图2-15　不同碳酸铵含量时PU/PEG膜表面的显微镜照片

（二）不同碳酸铵含量对PU/PEG相变膜力学性能的影响

碳酸铵含量对相变膜力学性能的影响如图2-16所示。

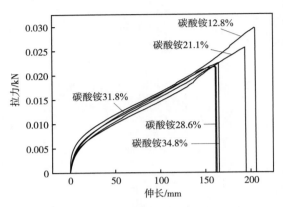

图2-16　不同碳酸铵含量时PU/PEG相变膜的拉伸曲线

由图可以看出，在多孔相变膜制备过程中，随着碳酸铵含量的增加，断裂伸长率明显降低，后趋于平稳。在碳酸铵含量大于28.6%（质量分数）后，拉伸曲线趋于稳定。在制膜过程中，PU/PEG/二甲基甲酰胺制膜体系的浓度一定，随着碳酸用量的增加，在体系中碳酸铵颗粒相互发生凝聚，形成大的颗粒并产生沉淀，因此在铸膜液中分散的碳酸铵颗粒趋于平衡状态。

第四节　多孔相变膜的结构与性能

一、多孔相变膜的结构与性能表征

（一）多孔相变膜的形貌分析

采用X-450电子显微镜（日本日立）和科思达高倍显微镜（美国）对多孔相变膜的形貌进行观察。

（二）多孔相变膜的红外分析

在Avtar360型红外光谱分析仪（美国Nicolet公司）上进行傅里叶变换红外光谱分析，每个光谱进行32次扫描，收集样品在500cm^{-1}和4000cm^{-1}之间的反射光谱，光谱的分辨率为4cm^{-1}。

（三）多孔相变膜的X射线衍射分析

测试条件详见第三节的内容。

（四）多孔相变膜的膜的差热（DSC）分析

测试方法详见第二节的DSC测试。

（五）多孔相变膜的膜的热重TG分析

称取10mg以下的样品，将样品放入热重分析仪［TG 209 F1（NETZSCH）德国］，在氮气（10mL/min）的保护下，以20℃/min的速度从20℃持续升温到600℃，记录相变膜的重量变化曲线。

二、多孔相变膜的形态结构特征

在聚氨酯功能膜的制造过程中，在膜表面的液态PU遇水通常会产生自结皮的现象，而在内部凝固液将成膜液中的溶剂二甲基甲酰胺萃取出来，并将低分子量的致孔剂PEG溶解出来，逐渐形成均匀有序的孔隙结构。此处致力于去除成膜液中的溶剂，使PU固化成型形成多孔结构，同时尽量减少高浓度的工作物质PEG的溶解而将其保存在多孔结构内，并且在膜的表面形成有效的密封和防护。因此，实验制备的相变膜，表层是起密封防护作用的致密皮层，内部为起支撑作用和为工作物质提供容纳空间的多孔结构亚层。

膜的基本结构特征如图2-17所示。从图2-17可以清楚地看出，膜的皮层光滑致密，可以防止相变材料泄漏；内部疏松多孔，类似蜂巢的形状，可较大容积地存留PEG。截面显示出孔洞沿厚度方向贯通生长，沿着膜平面方向紧密排列，多数孔为近似圆形或六边形。

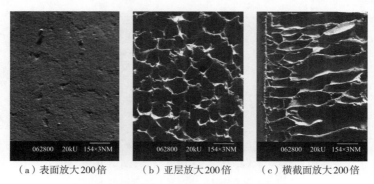

（a）表面放大200倍　　　（b）亚层放大200倍　　　（c）横截面放大200倍

图2-17　清洗后多孔相变膜的SEM照片

三、多孔相变膜中的PEG含量

根据多孔相变膜的结构特征可知，多孔相变膜是以PU多孔膜为载体，PEG为相变工作物质的复合膜。工作物质PEG含量的多少直接决定了复合膜的相变焓，即其调温蓄热的能力和效果。相变焓主要与PEG的用量、二甲基甲酰胺的用量、浸泡时间、膜的厚度等因素有关。在实验过程中PEG有损失，因此采用失重法测量最终相变膜PEG的总含量，计算方法如式（2-1）所示：

PEG的含量 W：
$$W = \frac{W_1 - W_2}{W_1} \times 100 \qquad (2-1)$$

式中，W_1 为干燥膜的质量，g；W_2 为超声波清洗后的相变膜质量，g。

（一）PEG用量的影响

多孔相变膜中PEG的含量与配比时PEG的用量正相关，如图2-18所示，随着PEG用量的增加实验测得多孔膜中PEG的含量也逐渐增加（图中用PEG与PU的质量比率PEG/PU表示横坐标）。当PEG的用量较少时，一方面成膜液体系中PEG的浓度较小，模具浸入水中，表层的PU浓度高容易集结，遇水迅速形成致密膜，从而较容易阻止内层的PEG的溶解，使膜中PEG保持的含量相对较高；另一方面，由于PU浓度太高，成膜后PU容易将PEG包住形成密封的致密结构，采用超声波仪清洗不易干净，造成测得PEG的含量比PEG的实际含量偏低。当PEG的用量相对较高时，膜的多孔结构成型比较充分，孔洞逐渐增加，连通性变好，虽然浸泡时表层PEG溶解较多，但相变膜成型后经超声波仪清洗得较为干净，测得实际的PEG的含量与PEG的用量最为接近。当PEG的含量过高时，溶液体系中PEG的浓度过大，则成膜后PEG容易形成连续相，将部分PU的颗粒包住，清洗后，PU的颗粒也随着PEG的溶解而流失，实验发现清洗液变浑浊，这造成实验测得的PEG的含量比实际PEG的含量偏高。

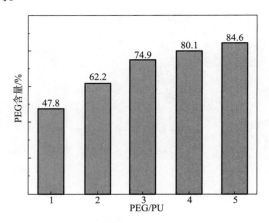

图2-18　PEG用量对多孔相变膜PEG含量的影响

（二）二甲基甲酰胺的用量的影响

PEG的含量与溶剂DMF用量的关系如图2-19所示。从图可以看出，由失重法测得

PEG的含量随着溶剂DMF用量的增加而略有上升（图中用DMF与PU的质量比率DMF/PU表示横坐标），但增加的幅度不大。当溶剂DMF的用量增加时，溶液中溶剂所占体积较大，则成膜液的黏度下降，体系中PU大分子聚集凝固较为困难，成膜后形成的孔洞偏大、孔隙率偏高、结构较为松散；这样使膜的内部较为连通，清洗时PEG更容易溶解，部分PU的颗粒也被清洗出来，测得PEG的含量逐渐上升；但溶剂DMF在多孔膜的制备过程中最终是要被去除的，它对最后相变膜的成分无明显作用，只是对膜的结构产生一定的影响，因此在体系中PU/PEG的比率一定时，对PEG的含量的影响较小。

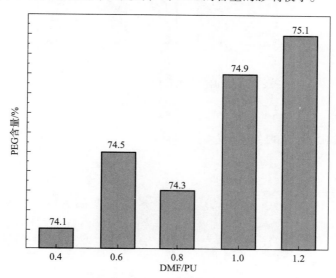

图2-19　DMF用量对多孔相变膜PEG含量的影响

（三）浸泡时间的影响

将模具放置在凝固浴中，成膜液表面的溶剂迅速向凝固浴中扩散，同时表层的PEG也会逐渐溶解，但与此同时，由于PU与溶剂DMF产生相分离，其大分子积聚成膜阻止水分子向膜的内层扩散，使溶剂DMF扩散和PEG的溶解速度急剧下降，随着膜致密的表层逐渐生成及厚度的逐渐增加，水分子的向内层的扩散变得更加艰难；当膜的表层的生长趋于稳定，厚度逐渐达到定值时，膜的内层孔洞开始逐渐生长，溶剂DMF扩散和PEG的溶解速度也逐渐趋于稳定，因为，这时水分子的进入主要由皮层所决定。如图2-20所示，PEG的含量随浸泡时间的加长而逐渐减少，PEG在凝固浴中的溶解过程是一个相对缓慢的过程，因此当膜的致密表层一旦形成时，就可以从凝固浴中将膜取出，浸泡较短时间对膜PEG的含量影响较小。

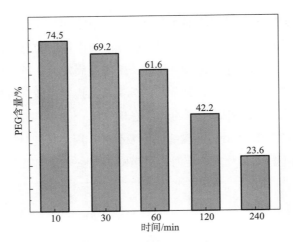

图2-20　浸泡时间对多孔相变膜PEG含量的影响

四、多孔相变膜的红外光谱分析

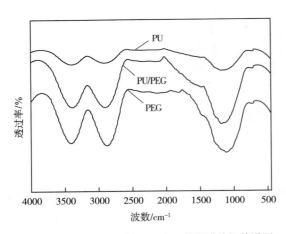

图2-21　PEG、PU和PEG/PU共混膜的红外谱图

图2-21为PEG1000/2000、纯PU和多孔相变膜的红外吸收光谱。由图可知，所有特征曲线中都有—CH$_2$基团的反对称伸缩振动，它们的特征峰出现在2880～2884cm^{-1}处；而且C=O基团的伸缩振动在纯PU和多孔相变膜的特征曲线中十分明显，它的特征吸收峰分别出现在1733cm^{-1}和1734cm^{-1}处。尽管测试之前经过干燥处理，但样品仍然有少量的水分，它们容易形成—OH基团，并且多孔相变膜中PEG具有大量的—OH基团，因此从理论上讲，在纯PU和多孔相变膜的特征曲线中可以看见—OH基团的伸缩振动，但是由于这两种样品中—NH的伸缩振动太过于强烈，以致—OH基团的伸缩振动被掩盖。

从整体上看，对比三条特征曲线，在多孔相变膜的红外光谱图中没有出现新的基团振动，因此多孔相变膜在制备过程中没有新的化学键生成，它的特征曲线仅仅为PU和PEG的特征曲线的物理上简单的叠加。相对于纯PU（3420cm^{-1}）而言，多孔相变膜红外光谱图中—NH的对称伸缩振动的特征吸收峰（3410cm^{-1}）向低波数方向偏移了10个波数，这可能与多孔相变膜中PU与PEG的氢键作用有关。

五、多孔相变膜的结晶性能

通过对样品进行广角X衍射分析，研究纯PEG和多孔相变膜的结晶形态。如图2-22所示，纯PEG的X衍射曲线与PEG含量为47.8%和84.6%的多孔相变膜的X衍射曲线极为相似，它们具有类似的结晶间距和衍射角度。这表明PEG在多孔膜中仍然与纯PEG具有相同的结晶结构和形式。换言之，在多孔相变膜的制备过程中，PEG的结晶结构没有发生变化。从图2-22可以看出，在纯PEG的衍射曲线中有两个主要衍射峰，它们的衍射角为19.22°和23.38°，当PEG含量为47.8%、

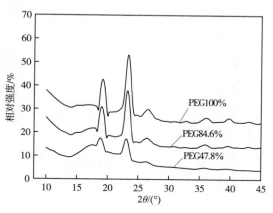

图2-22 不同PEG含量的多孔相变膜的X—衍射图

84.6%时它们的衍射角分别为18.98°、23.09°和19.09°、23.19°，衍射峰位置基本一致，但随着PEG含量的降低，衍射峰高度有下降趋势。这表明，在多孔相变膜中基材PU对PEG的结晶有一定的影响，相对于纯PEG的结晶过程，基材是以杂质的形式存在的，且与PEG具有较强的氢键作用，这使实际参与结晶的PEG的链段减少，导致PEG结晶度降低。

六、多孔相变膜的相变行为

为了研究PEG在PU多孔膜内的相变行为，取不同PEG含量的多孔相变膜进行DSC测试，其主要测试数据如表2-12所示。

表2-12 不同PEG含量的多孔相变膜的DSC实验主要测试数据

PEG/%	升温				降温			
	T_{on1}/℃	T_{end1}/℃	T_{p1}/℃	ΔH_1/(J/g)	T_{on2}/℃	T_{end2}/℃	T_{p2}/℃	ΔH_2/(J/g)
62.2	43.5	55.8	51.5	108.1	20.9	31.0	26.1	85.18
74.9	43.0	55.5	51.7	127.7	19.8	29.6	25.6	81.08
80.1	44.1	57.7	52.2	119.7	19.8	31.4	25	92.4
84.6	44.5	57.3	51.6	129.1	22.1	32.1	27.6	100.3

注 T_{on}指起始温度；T_{end}指终止温度；T_p指峰值温度；ΔH指相变焓；1指升温、2指降温。

图2-23、图2-24为不同PEG含量的多孔相变膜DSC升降温曲线。从图2-23、图2-24和表2-11中可以看出，多孔相变膜的相变点的温度随着PEG含量的增加变化不大，在温度变化时，它具有与纯PEG（参见图2-3）相似的升降温曲线；这说明多孔相变膜与纯PEG具有相似的热学性能，但是对比它们的DSC的测试数据（参见表2-11）发现，PEG添加到多孔膜内后，升温时它的相变起始温度、峰值温度和终止温度有一定程度升高，降温时它的相变起始温度、峰值温度和终止温度有相对较大的降低。这说明，PU多孔膜对于PEG吸热时相转变有一定的阻碍作用，降低了它对温度的敏感性；当温度下降，PEG结晶时，由于PU是以杂质的形式存在的，它对PEG的结晶产生负面影响，破坏了PEG结晶的完整性，使其相转变温度下降。

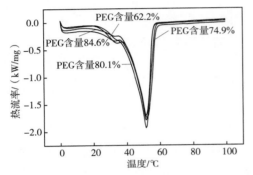

图2-23　不同PEG含量的多孔相变膜DSC升温曲线　　图2-24　不同PEG含量的多孔相变膜DSC降温曲线

七、多孔相变膜的热学稳定性

将不同PEG含量的多孔相变膜进行热重实验，分析PEG含量对多孔相变膜热稳定性的影响。

图2-25和图2-26为多孔相变膜的TG和DTG曲线，从TG曲线可以看出，该材料失重主要发生在300～500℃，从室温至200℃有一个轻微的失重，失重量约为3%，这是多孔相变膜吸收微量水所致。与此同时，对TG微分得对应的DTG曲线，有一个失重速率峰，其对应着TG曲线的下降大台阶，这说明多孔相变膜的热降解过程是一步完成的，它的热降解的最大失重速率峰值温度出现在417.2℃附近，这是主链断裂造成的。从TGA和DTG曲线可以看出450℃以后失重速度变得极其缓慢，500℃时残留量几乎不变，说明多孔相变膜的热分解基本完成。

对比不同PEG含量的相变膜的TG和DTG曲线，可以看出，随着PEG含量的增加，主降解时失重速率急剧升高，但最大失重速率峰值温度几乎不变；降解后残余物含量逐渐减少，说明PEG的成炭能力很低。整个热降解行为表明，随着PEG含量增加，多孔相变膜的热稳定性有所下降。

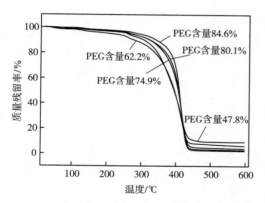

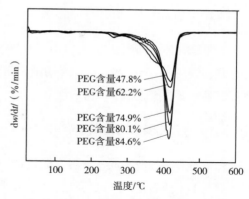

图 2-25　不同 PEG 含量的多孔相变膜的热重曲线　　图 2-26　不同 PEG 含量的多孔相变膜的 DTG 曲线

<table>
</table>

第五节	多孔相变膜的服用性能

按第二节中的制备方法制备多孔相变膜，探讨 PEG 含量和 DMF 用量对多孔相变膜服用性能的影响。

一、多孔相变膜的服用性能表征

（一）多孔相变膜的机械性能测量

测试方法详见第三节中的力学性能测试。

（二）多孔相变膜的弯曲长度测试

多孔相变膜的刚柔性能采用斜面法进行测量。取长 15cm、宽 2cm 的相变膜的试条放在一端连有 45° 斜面的水平台上。在试条上放一滑板，并使试条下垂端与滑板平齐。将滑板向斜面方向推出，直到膜下垂触及斜面为止。试条滑出的长度可由滑板移动的距离而计算得到，由此计算相变膜的弯曲长度。

（三）多孔相变膜的耐磨性能测试

多孔相变膜的耐磨性能在平磨实验仪上进行测试，150# 砂轮作为磨料，压重 500 克。测试结果为试样表面涂层被磨穿时的磨盘转数，每种试样测量 5 次求其算术平均值。

（四）多孔相变膜的透湿性能测量

参照透湿杯法的国家标准（GB/T12704—1991），在清洁的内径为60mm、杯深22mm的透湿杯内注入10mL水，将试样的测试面向下放置在透湿杯上，旋紧透湿杯盖。然后放在一定温湿度的实验箱中，精确称重。

（五）多孔相变膜的回潮率测试

先将所有试样放在同一环境下进行吸湿平衡，测得质量 M_1，然后放入105℃烘箱中直到重量基本不变为止，测试其质量 M_2，即所求的回潮率 W 如式（2-2）所示：

$$W= \frac{M_1-M_2}{M_2} \times 100\% \qquad (2-2)$$

二、多孔相变膜的力学性能

（一）PEG用量的影响

表2-13为不同PEG含量的多孔相变膜的力学性能。从表2-14中的初始模量可以看出PEG含量增加时，初始模量变小，相变膜柔软性增加。另外，可以明显地看出随着PEG含量的增加，断裂强力和断裂伸长均明显下降，PEG含量的增多导致PU整体成膜性变差，机械性能下降。

表2-13　不同PEG含量下多孔相变膜的力学性能

PEG的含量 /%	机械性能				
	断裂伸长 /mm	断裂强力 /N	断裂功 /J	初始模量 /（N/mm²）	拉伸强度 /MPa
47.8	307.7	45.43	8.842	6.327	0.6853
62.2	263.6	37.32	5.439	5.324	0.4785
74.9	153.8	15.05	1.830	3.342	0.2969
80.1	110.3	12.03	1.154	2.634	0.2131
84.6	84.2	9.36	0.936	2.261	0.1945

（二）二甲基甲酰胺用量的影响

在上述实验的结论下，选定PEG用量（PEG/PU=3/1），而改变溶剂DMF的用量，在相同的试验条件下成膜。表2-14为在不同DMF用量下的多孔相变膜拉伸实验测试数据。从表2-14可以看出，随着DMF用量的增加，初始模量下降，说明膜结构变得更加松散，同时拉伸强度和断裂功也逐渐下降。

表2-14　不同DMF用量下多孔相变膜的力学性能

DMF用量DMF 与PU质量比值	机械性能				
	断裂伸长 /mm	断裂强力 /N	断裂功 /J	初始模量 /（N/mm²）	拉伸强度 /MPa
0.5	252.7	26.79	4.425	4.564	0.4579
0.8	241.5	21.76	3.488	3.91	0.4193
1.0	153.8	15.05	1.830	3.342	0.2969
1.2	129.0	13.78	1.464	2.979	0.2483
1.5	139.5	11.36	1.217	3.322	0.2352

　　这说明，溶剂DMF的用量也会对多孔相变膜的力学性能造成较大的影响。随着溶剂DMF用量的增大，成膜液中溶剂所占体积比率加大，不利于PU大分子的积聚成型，且挥发后形成的孔洞加大，膜的侧向结合力力减小，因此制膜时DMF的用量不宜过大。

三、多孔相变膜的刚柔性能

　　多孔相变膜的刚柔性是用斜面法进行测量，所得弯曲长度越大表示相变膜越硬挺，不易弯曲，反之，越柔软，易变形。

（一）PEG用量的影响

　　图2-27为弯曲长度与多孔相变膜PEG含量的关系曲线。从图中可以看出，随着PEG含量的增加弯曲长度呈现先增加，后降低的趋势。一方面，在相变温度以下，由于PEG较强的结晶作用，它的柔软性比PU多孔膜的柔软性要差得多，PEG的存在，会导致膜的手感有点偏硬，柔软程度下降，PEG含量越高，结晶作用越强，柔软性越差。但另一方面，抗弯刚度一定时，膜的密度增加，单位面积膜的质量增加，则弯曲长度会减小，同时PEG含量的增加也会导致膜的孔洞的增加，使膜的结构更加松散，抗弯刚度下降，对应弯曲长度也会减小。

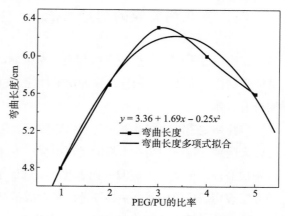

$y = 3.36 + 1.69x - 0.25x^2$

■─── 弯曲长度
──── 弯曲长度多项式拟合

图2-27　弯曲长度与PEG含量的关系曲线

（二）DMF用量的影响

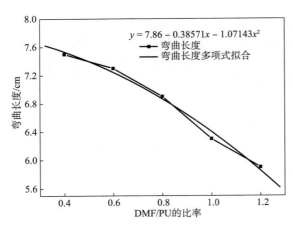

图2-28　弯曲长度与DMF用量的关系曲线

图2-28为弯曲长度与DMF用量的关系曲线。从图中可以看出，随着DMF用量的变化，实验测得膜的弯曲长度随着DMF用量的增加而逐渐减小，但下降幅度不大。这主要是由于，DMF用量的增加使膜的孔洞有所增加、结构更加松散，导致膜的初始模量、抗弯刚度减小，因此实际测得膜的弯曲长度会减小。

（三）测试温度的影响

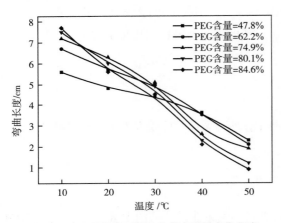

图2-29　不同温度下的多孔相变膜的弯曲长度

如图2-29所示，当温度变化时，相变材料PEG会随着温度的升高逐渐变软，直到发生相的转变，即由固态转变为液态。因此温度的变化对PEG的形态产生巨大的影响，它决定了PEG材料本身的刚柔性。工作物质PEG存在于PU多孔膜内时，它对复合多孔相变膜的刚柔性起着重要的作用，因此，多孔相变膜的刚柔性对温度的依赖也是十分显著的。

四、多孔相变膜的耐磨性能

在应用过程中，多孔相变膜与周围所接触的物体相摩擦，会受外界因素的综合作用，造成膜结构的损坏，从而导致膜的防护性能、机械性能、调温性能等功能的下降，使其使用价值下降。

多孔相变膜的摩擦性能主要是由膜致密表层的性能决定的，它的磨损破坏与普通织物有较大区别。普通织物在磨损的过程中会产生起毛、起球现象，持续磨损则造成织物局部位置被磨破，形成一个破洞；而多孔相变膜磨损时，由于PU多孔膜具有较好的弹性，膜的表层破坏后，内层不会被逐渐地磨耗形成破洞，而是被磨料撕裂开来形成一个裂缝，导致结构解体；同时由于PEG具有很好的黏性、润滑作用，在磨损的过程中它会粘到磨料上，并不断地填堵磨料的孔隙，使多孔相变膜与磨料的摩擦系数迅速减小，因此需要定期地清洗磨料，以防止打滑。

（一）PEG含量的影响

图2-30为不同PEG含量的多孔膜耐摩擦性能测试结果，从图中的曲线可见随着PEG含量的增加，多孔相变膜的耐磨性能逐渐减弱，当PEG含量较高时，耐磨性能减弱的趋势趋于平缓。这主要是由于PEG含量的增加，膜的断裂强力、断裂伸长和初始模量大幅度降低，这样膜的表层更容易被磨损破坏，内层侧向结合力更低，更容易被撕裂。当PEG含量很高时，PEG在膜的内部部分形成连续相，这时对膜的磨损从某种意义上说是对PEG的磨耗，因此膜的耐磨性能的下降趋于平缓。

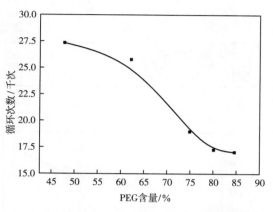

图2-30　不同PEG含量的多孔相变膜的耐磨性能

（二）DMF用量的影响

在多孔相变膜制备的过程中，溶剂DMF的用量会对膜的结构和机械性能产生较大的影响，因此它对膜的摩擦性也会有较大的影响。图2-31为多孔相变膜的耐摩擦性能测试结果。从图中可知，溶剂DMF用量对膜的耐磨性能的影响，也是先降低后趋于平缓。这主要是因为DMF用量并不大幅度地改变PEG的含

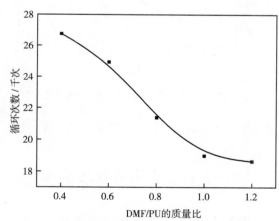

图2-31　DMF的用量对多孔相变膜的耐磨性能的影响

量，但它对膜结构产生影响，导致机械性能也是先逐步下降后趋于平缓，这是膜的机械性能在耐磨性能上的体现。

五、多孔相变膜的透湿性能

由多孔相变膜的基本结构和组成可知，载体材料是内部多孔、表层相对致密有微孔的PU多孔膜，它具有微孔透湿功能；而工作物质PEG是具有亲水性的热活性相变材料，具有极强的亲水性、透湿性；因此多孔相变膜具有微孔透湿和亲水性透湿的双重透湿功能。

如表2-15所示，随着PEG用量的增加，多孔相变膜的透湿量是呈上升趋势的，这是因为，PEG用量的增加一方面导致膜的孔洞增大，加强了微孔透湿；另一方面多孔膜内由于PEG含量的增加，整个体系内亲水性醚键的密度明显加大，水分子在其间沿"分子梯级"传递时梯级短，移动更容易，因此透湿量更大。

表2-15　不同PEG用量下多孔相变膜的透湿量

PEG/PU的比率	1/1	2/1	3/1	4/1	5/1
透湿量/[g/（m²·h）]	4126	4378	4532	4663	4729

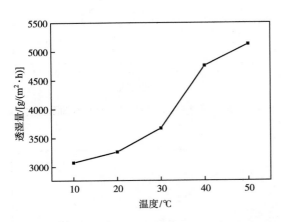

图2-32　不同温度下多孔相变膜的透湿量

为了研究多孔相变膜的透湿量和温度的关系，选定PEG：PU=3：1的多孔相变膜在不同温度下测其透湿量。结果如图2-32所示，随着温度的升高，透湿量明显升高，并在30~50℃间有一突变。这可能是由于多孔相变膜发生相变，PEG大分子热运动加剧，瞬时孔隙增多，传递水分子加快。由于透湿量增大的温度区域，恰好在人体体温较高的位置，在人体感觉闷热的时候，相变膜能大量带走汗气，降低人体周围温度，同时多孔膜中的PEG发生熔融相变，吸收热量，进一步降低环境温度，提升舒适性。

六、多孔相变膜的吸湿性能

图2-33为多孔相变膜的回潮率与PEG含量的关系曲线。从图中可知相变膜的回潮率随PEG含量的增加而近似线性增加，在多孔相变膜内PEG亲水回潮占主导地位，PEG含量增加会导致相变膜回潮率的显著增加，但始终是低于纯PEG的回潮率21.3%。

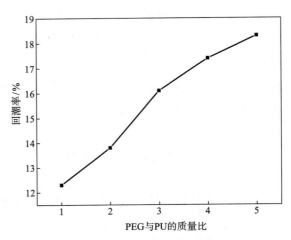

图2-33　不同PEG含量的多孔相变膜的回潮率

本节的主要工作是利用PEG和无水乙醇溶液混合降低其黏度，来对多孔相变膜进行填充。由于PU膜本身孔结构呈蜂窝状形态，纯PEG黏度较大，很难将其完全填入孔结构中。因此，单纯依靠浸泡和芯吸作用对膜孔结构进行完全填充是较为困难的。为了改进对多孔膜的填充效果，根据相似相容原理，将PEG和无水乙醇以一定比例混合改善其黏度，然后将多孔PU膜浸入其中，在一定真空度下，完成PEG对多孔PU膜的填充。

一、PEG对多孔PU膜的灌装

（一）相变材料对多孔膜的填充

将无水乙醇和熔融PEG按1∶9、2∶8、3∶7、4∶6、5∶5、6∶4、7∶3、8∶2、9∶1质量比混合，并搅拌至白色透明液体；然后将多孔PU膜浸泡在PEG/无水乙醇混合溶液中；在真空0.1MPa状态下，PEG/无水乙醇被吸入PU膜的孔洞中，待溶液中无气泡出现，取出PU膜；然后无水乙醇烘至完全挥发。

（二）对填充后的PU/PEG膜的干法封孔

用溶剂DMF将固质量分数为30%的PU调制至固含量为14%～19%，并搅拌均匀；然后将其倾倒在自制的平行玻璃板模具上，用刮刀平行刮制成膜，然后在25～60℃下烘1～10min；然后将填充后PU膜（疏松底层）覆盖在其表面并压平整，最后在20～30℃、相对湿度为60%～80%下处理5～30min；待完全成膜稳定成型后，取下即可。其过程示意图如2-34所示。

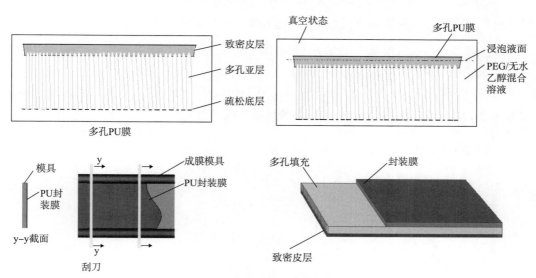

图2-34　相变材料灌装示意图

二、多孔PU膜的物理性能测试

（一）PEG和无水乙醇不同配比的黏度测试

将不同质量比的PEG和无水乙醇混合搅拌至完全溶解，并在室温条件下，通过旋转式黏度计NDJ-79测得数据如表2-16所示。

表2-16　不同质量比PEG与无水乙醇混合的黏度实测数据

PEG/无水乙醇	1:9	2:8	3:7	4:6	5:5	6:4	7:3	8:2	9:1
黏度（mPa·s）	4	4	8	13	25	35	59	91	920

（二）多孔PU膜的空隙率测试

为了定量地衡量相变材料对PU多孔膜的灌装程度，选取空隙率作为衡量指标。这里的空隙率是指多孔膜实际体积与多孔膜实体体积(假定无孔状态下的体积)的差值与多孔膜实际体积的比值的百分比。

（三）聚乙二醇对多孔PU膜的灌装率测试

为了定量地衡量相变材料对多孔膜的灌装程度，选取灌装率这一指标作为衡量手段。灌装率是指多孔膜中灌装的实际重量与多孔膜完全灌装后灌装物的质量比。为了计算方便，用下述式（2-3）表示为：

$$W = \frac{W_1 - W_2}{W_1} \times 100\% \tag{2-3}$$

式中：W_1为灌装后干燥膜的重量（mg）；W_2为灌装前干燥膜的重量（mg）。

（四）拉伸力学性能测试

将共混膜切成长10cm、宽5cm的长条，在Instron 5566万能材料强力仪上进行测试，牵伸速度100mm/min，夹距5cm，记录拉伸曲线，统计力学值。

（五）DSC测试

测试方法详见本章第二节的DSC测试。

三、PEG/无水乙醇质量比对多孔PU膜灌装率的影响

选用PU浓度16%、碳酸铵含量28.6%制得多孔PU膜，然后采用PEG2000和无水乙醇不同质量比混合溶液，在真空条件下进行灌装，后经低温烘干，得灌装膜。测得灌装前后PU膜各项物理量数据如表2-17所示。

表2-17　灌装前后多孔相变复合膜的各项物理量实测数据

PEG2000/无水乙醇质量比	所选取膜质量/g	孔隙率/%	理论灌装率/%	灌装后膜质量/g	实际灌装率/%
1/9	2.11	67.6	66.5	2.78	24.10
2/8	2.08	67.0	66.0	3.80	45.26
3/7	1.96	64.0	62.9	4.60	57.39
4/6	2.20	66.5	65.5	7.11	69.06
5/5	1.48	70.1	69.1	6.84	78.36
6/4	2.45	64.7	63.6	9.89	75.23
7/3	1.56	68.5	67.5	14.81	89.47
8/2	2.14	67.3	66.2	20.40	89.51
9/1	1.86	65.9	64.8	17.77	89.53

由表2-16及图2-35可知，随着PEG/无水乙醇质量比的增大，膜的灌装率逐渐增大，然后趋于稳定。当PEG/无水乙醇质量比较低时，根据溶液相似相容原理，混合溶液黏度很低，溶液很容易填入膜的孔洞结构中，但是溶液中溶质相对较少。故当溶剂挥发后，相变材料在膜的孔洞内沉淀较少，灌装率较低；随着PEG2000和无水乙醇质量比的增加，溶液黏度也增高，从而溶液流动性变差，溶液很难进入膜孔洞内部，所以灌装率增长率改变不大，并趋于稳定。

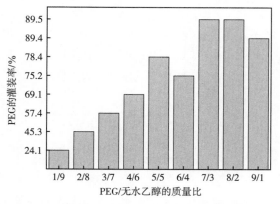

图2-35　PEG/无水乙醇的质量比与PEG灌装率的关系

四、不同灌装率对PU膜力学性能的影响

对上述不同PEG灌装PU膜进行力学性能测试，其实测数据如表2-18所示。

表2-18 不同灌装率多孔PU膜的力学性能实测数据

PEG对多孔膜的灌装率/%	力学性能			
	拉伸强度/MPa	断裂伸长率/%	断裂功/J	初始模量/（N/mm²）
24.10	3.426	384.0	7.644	1.699
45.26	3.380	401.4	9.015	4.142
57.39	3.346	369.6	6.985	5.284
69.06	1.751	117.0	2.827	12.450
78.36	1.470	11.6	0.630	34.890
75.23	2.809	55.4	3.432	36.160
89.47	2.998	2.6	0.370	105.200
89.51	3.480	2.4	0.416	179.900
89.53	1.108	3.4	0.356	111.700
0	5.083	490.6	10.44	0.678

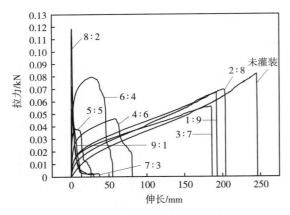

图2-36 不同灌装率时多孔PU膜的拉伸曲线

图2-36为不同灌装率多孔PU膜的拉伸曲线，图中比率为PEG与无水乙醇质量比。可以看出，随着PEG灌装率的增加，多孔膜的初始模量明显增加，材料从柔性材料趋于脆性材料；结合表2-17拉伸实测数据可知，PEG灌装率在24.10%～57.39%时，相变膜的断裂伸长率变化不大，处于369.6%～401.4%；当PEG灌装率超过69.06%时，断裂伸长率显著降低，处于2.4%～55.4%。这不难看出，PEG会劣化多孔相变膜的机械性能。当PEG填入膜孔后，会吸附在孔壁上，随着PEG填充量越来越大，使原本结构松弛的膜亚层处于绷紧状态，从而使膜发生一定的蠕变，且多孔膜在受到拉伸时，其大分子的伸展受到黏附PEG的限制，无法让更多的大分子同时承受力的作用，造成了断裂的非同时性。因此，从机械性能角度考虑，PEG灌装率不宜过高。

五、不同灌装率对 PU 膜外观形态结构特征的影响

图 2-37 为灌装 PU/PEG 膜的外观形态照片，可以看出，随着 PEG/无水乙醇质量比的增加，膜的外观变化明显；在质量比为 1/9 时，膜外观基本没有变化；当质量比增加到 5/5 时，膜外观开始发生变形，同时膜表面局部出现斑块；当质量比增加到 9/1 时，膜被胀开且外观完全发生变形。这说明随 PEG 相变材料的填入，对膜外观形态具有一定破坏性。结合表 2-16 可知，随着 PEG 灌装率的增加，膜的厚度发生变化，PEG 黏度增加，阻止了其进入膜的多孔层，在膜的底表面黏附的 PEG 形成覆盖层，完全破坏了膜的外观形态结构。

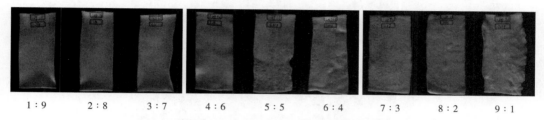

| 1：9 | 2：8 | 3：7 | 4：6 | 5：5 | 6：4 | 7：3 | 8：2 | 9：1 |

图 2-37　灌装 PU/PEG 膜的外观形态

六、封孔前后灌装 PU 膜力学性能的差异

对灌装率为 69.06% 的 PU 膜进行封口（封装后 PEG 含量为 68.0%），并对其进行力学性能测试，实测数据如表 2-19 所示。

表 2-19　多孔 PU 膜灌装前后膜的力学性能实测数据

项目	力学性能			
	拉伸强度 /MPa	断裂伸长率 /%	断裂功 /J	初始模量 /（N/mm^2）
灌装 PU 膜	1.7510	117.0	2.827	12.450
封装 PU 膜	0.5889	263.4	2.743	7.679
未灌装膜	5.0830	490.6	10.44	0.678

图 2-38 为多孔 PU 膜灌装前后的拉伸曲线，其特征指标如表 2-19 所示。由图和表可知，多孔 PU 膜从灌装到封装，初始模量先升高后降低，但是和纯 PU 膜相比，模量仍然偏高；断裂伸长率先降低后上升，且远远低于纯 PU 膜。这是由于，在 PEG 填入 PU 膜孔结构后，大量 PEG 吸附在孔壁上，降低了膜的伸展性能，导致柔性的 PU 膜逐渐向脆性材料转变；然而对灌装膜封孔时，灌装膜贴在干法铸膜液上，在热的作用下，铸膜液中的二甲基甲酰胺挥发开始侵蚀灌装膜的亚层和皮层，从而降低了封装 PU 膜的初始模量，但由于新

产生的封装层PU（图2-39），使膜的断裂伸长率有所提高。

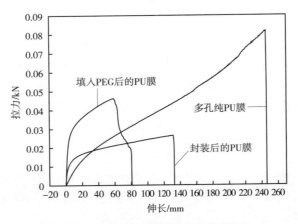

图2-38　多孔PU膜灌装前后的拉伸曲线

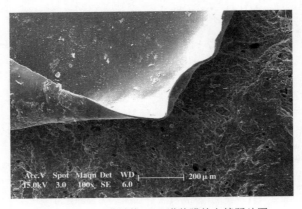

图2-39　PU膜封装PEG灌装膜的电镜照片图

七、灌装PU复合膜的相变行为

对封装68%PEG2000的PU膜及纯PEG2000进行DSC测试，其特征指标见表2-20所示、升降温相变性曲线如图2-40（a）（b）所示。从表2-20和图2-40可以看出，灌装PEG后PU膜的相变点温度（T_{on}、T_p、T_{end}）与纯PEG2000相比有一定变化；DSC曲线表明，两曲线相似，说明多孔相变膜与纯PEG具有相似的相变行为。但是对比它们的DSC的实测数据发现：相比纯PEG，灌装膜的相变起始温度T_{on1}有所下降，而终止温度T_{end1}有一定程度升高；而降温时的相变起始温度T_{on2}、峰值温度T_{p2}和终止温度T_{end2}均有所下降，这说明PU多孔膜对PEG的相转变过程有一定的阻滞作用，降低了PEG对温度的敏感性。对比灌装膜与纯PEG可知，灌装膜的相变焓明显低于纯PEG相变焓值，除了前面所述的阻滞作用外，当温度下降，PEG结晶时，由于PU是以杂质的形式存在的，它对PEG的结晶产生干扰,扰乱了PEG结晶的完整性,从而导致相变焓值下降。

表2-20　灌装PU膜的DSC实测数据

项目	升温				降温			
	$T_{on1}/℃$	$T_{p1}/℃$	$T_{end1}/℃$	$\Delta H_1/(J/g)$	$T_{on2}/℃$	$T_{p2}/℃$	$T_{end2}/℃$	$\Delta H_2/(J/g)$
纯PEG2000	53.2	56.9	60.8	178.7	38.0	33.7	29.8	160.4
灌装率68%	49.4	56.9	67.1	107.5	29.0	21.2	11.0	95.6

注　T_{on}指起始温度;T_{end}指终止温度;T_p指峰值温度;ΔH指相变焓;1指升温、2指降温。

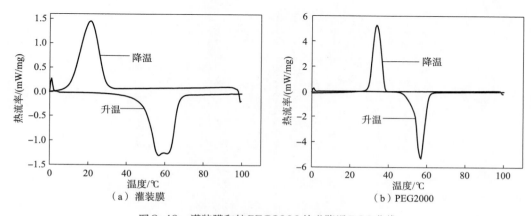

图2-40　灌装膜和纯PEG2000的升降温DSC曲线

结合以上结果可以初步得出,在以PEG为基质、多孔PU膜为基材制备柔性相变膜时,将PEG/无水乙醇质量比控制在4:6范围以内,填充PEG的量应控制在69%以内,并采用干法热贴的方式进行复合制得的多孔相变膜有较好的综合性能。

第三章

静电纺复合相变纤维

一、静电纺丝的研究历史

有关静电纺丝的最早记录应该是20世纪30年代Formals申请的静电纺丝专利，该专利报道了通过静电纺丝装置成功制备了醋酸纤维素纤维，为静电纺丝的开端奠定了基础。Vonneguth等在20世纪50年代通过自主开发的离子化装置得到了纤维直径在100μm的纤维。20世纪60年代对静电纺丝作出较大贡献的是泰勒（Taylor）等，其主要贡献是探索纺丝临界电压的计算公式及在纤维喷丝口处泰勒锥的形成原理。而在降低纤维的直径方面作出突出贡献的是20世纪80年代的Manley等。他将聚乙烯和聚丙烯熔融，通过静电纺丝的方式，成功得到了纤维直径为微米级的连续静电纺纤维。

20世纪末，Kim等通过静电纺丝制备了PBI纳米纤维。该纤维直径在300nm左右；与此同时Buchko等研究发现溶液浓度、黏度、负载电压、表面张力、接收距离、针头内径等均对静电纺丝过程有重要影响，他们同时发现经过热处理制备的纳米纤维其力学特性和结晶度会大大地增强和提高。纺丝液表面张力和黏度是静电纺过程中最重要的两个因素，该结论来自Fong等的研究。该研究表明纳米纤维直径和纺丝液表面张力正相关，和纺丝液导电率之间负相关。

二、静电纺丝技术的原理

静电纺丝技术的基本原理是通过在喷丝头处加载几万伏的高压电使聚合物带电，从而产生高压电场力，针头处液滴会形成泰勒锥，经过喷射抽长拉细，最终固化成纤维。当外加的电场力超过聚合物溶液表面张力的临界值时，聚合物溶液在针头形成带电的射流，由于聚合物处存在斥力、静电场力和表面张力等的共同作用，且由于合力的作用不稳定，聚合物射流会形成不稳定的螺旋轨迹运动，进而聚合物固化成纤维，在纤维收集装置上来回杂乱地排列形成纳米纤维毡。

三、静电纺丝的基本参数

静电纺丝的参数主要包括：①溶液参数；②过程参数；③环境参数。溶液参数包括溶液浓度、黏度、表面张力、导电性及聚合物的分子量等；过程参数包括负载电压、纺丝液挤出速率、接收装置的种类及接收距离等；环境参数为纺丝时室内的温、湿度。由文献可知对纤维直径和珠状物百分比有较大影响的是溶液浓度、聚合物分子量及溶剂体系。

（一）纺丝液浓度的影响

相关研究发现，在静电纺丝的过程中，对纤维的形貌和直径起决定作用的是纺丝液的浓度。纺丝液的黏度受其浓度的影响也较大，纺丝液的浓度增加时，溶液的黏度也会相应地增大，这时溶液表面的张力就会减小，那么纤维表面的串珠就会减少，因为表面张力是形成串珠的驱动力；当溶液浓度过高时，溶液的黏度也过高，很容易堵塞针头，而且静电力拉伸液滴时所要克服的表面张力也会加大。溶液黏度和纺丝液的浓度呈正相关，和表面张力呈负相关，所以过浓或过稀的纺丝液都不利于静电纺丝。Pakravan等也利用静电纺丝技术研究发现纺丝液浓度与纳米纤维的直径密切相关，在一定范围内，增大纺丝液浓度其纤维的直径也会相应地增加。

（二）聚合物分子量的影响

溶液的黏度、表面张力、流变性能和电导率等都会受到聚合物的分子量的影响。溶液分子量实质是反映聚合物溶液中分子链的纠缠程度，分子量越低，越难得到连续的纳米纤维。Geng等探索了三种不同分子量的纯壳聚糖溶液的纺丝情况，研究发现当壳聚糖分子量为3×10^4时，接收器上只能得到大量串珠；当壳聚糖分子量为3.98×10^5时，较分子量为3×10^4时的纺丝情况有所提升，但仍然是纤维与珠状物共存；仅当壳聚糖分子量为1.06×10^5时，得到平均直径为60nm的纳米纤维。Gupta和Haghi的研究进一步证明了在合适的聚合物分子量内，接收装置上的液滴数量随着分子量的增大而减小，即聚合物分子量越大纺丝液的可纺性越高。

（三）溶剂体系的影响

溶液浓度决定溶液的黏度，溶剂和聚合物共同决定着溶液表面的张力，所以不同溶剂会影响纺丝的效果。溶液表面的张力增加会影响纺丝的难度，纺丝液的稳定性会影响纤维的质量，而溶液的黏度和溶液溶剂的浓度正相关。

第二节　LA-SA 二元低共熔混合物相变温度和潜热

一、不同摩尔比例下的相变材料的热物理性能测试

（一）实验原料

所用实验原料及药品如表3-1所示。

表3-1　主要原料及药品

原料及药品	规格	提供厂家
硬脂酸（SA）	分析纯	国药集团化学试剂有限公司
月桂酸（LA）	化学纯	国药集团化学试剂有限公司

（二）实验设备及仪器

所用主要设备及仪器如表3-2所示。

表3-2　主要设备及仪器

设备及仪器	型号	生产厂家
电子天平	JY502	上海清平电子仪器有限公司
鼓风式干燥箱	DHG90A	上海索谱仪器有限公司
电热恒温水浴锅	HH-S24S	金坛市大地自动化仪器厂
超声波清洗器	IP-100ST	深圳市洁盟清洗设备有限公司
真空干燥箱	DZF-6020	上海索谱仪器有限公司
DSC分析仪	NETZSCH DSC 204F1	德国 Netzsch 公司

（三）二元低共熔混合物相变温度计算

任意的纯脂肪酸的熔化温度，即它的相变点都要比脂肪酸二元低共熔物的熔化共晶温度高。根据施罗德（Schrader）公式可以理论计算出LA-SA二元混合体系的共晶配比，如式（3-1）所示。

$$\frac{1}{T_m} = \frac{1}{T_i} - (R ln X_i) / H_i \qquad (3-1)$$

其中，T_m为混合物的熔点，开尔文；T_i为第i种物质的熔点，开尔文；X_i为第i种物质的摩尔分数；H_i为第i种纯物质的熔化潜热，J/mol；R为气体常数，8.315J/（mol·K）。

（四）二元低共熔混合物的制备

二元低共熔混合物的制备过程主要有以下5个步骤：

①根据施罗德（Schrader）公式，LA-SA二元混合体系的共晶配比就可以被计算出来，之后再将它们换算成共晶质量比。

②用天平分别称取一定量的LA和SA，之后将其混合，用玻璃棒充分搅拌使之混合均匀。

③将混合均匀的LA-SA放入烘箱中，温度为80℃，时间为2h。

④2h后将之取出，取出时候可以摇一摇，使之进一步混合均匀，立即放入超声波中超声处理。水浴温度为60℃，超声时间5min。

⑤将混合物在室温下冷却，密封保存LA-SA二元低共熔物。

（五）相变材料的热物理性能测试

本实验所选用的相变材料是SA、LA，以及不同LA-SA摩尔比的混合脂肪酸相变材料。本实验利用NETZSCH DSC 204 F1差热分析仪器来测定其相变温度和相变潜热，测试的结果如图3-1～图3-5所示。月桂酸（LA）与硬脂酸（SA）低共熔混比的计算示意图如图3-6所示。

不同摩尔比的LA-SA相变材料的相变温度和相变潜热如表3-3所示。

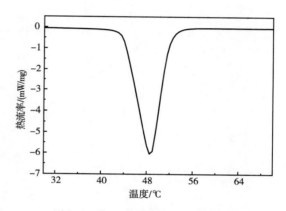

图3-1　纯LA相变材料的DSC曲线

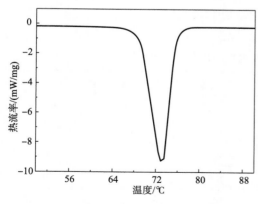

图3-2　纯SA相变材料的DSC曲线

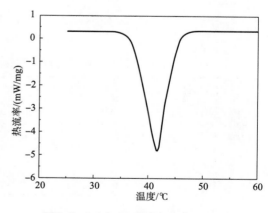

图3-3　LA与SA的摩尔比为4∶1时相变材料的DSC曲线

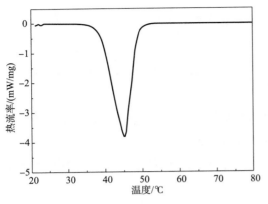

图3-4 LA与SA的摩尔比为6.5：1时
相变材料的DSC曲线

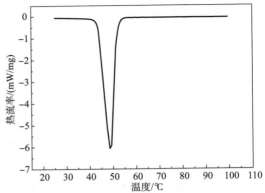

图3-5 LA与SA摩尔比为9：1时相变材
料的DSC曲线

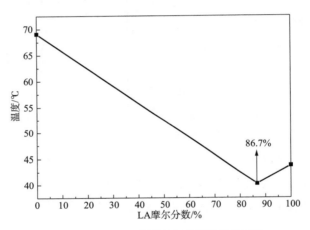

图3-6 LA与SA低共熔混比的计算示意图

表3-3 不同摩尔比下相变材料的相变温度和相变潜热

相变材料	LA	LA：SA=4：1	LA：SA=6.5：1	LA：SA=9：1	SA
相变起始点／℃	43.9	39.1	38.8	39.5	69.1
相变峰值点／（J/g）	48.6	41.7	45.1	42.7	73.3
相变终止点／（J/g）	51.9	49.6	48.8	51.3	75.6
相变潜热／（J/g）	161.8	146.5	135.1	127.9	219.2

结合图3-1～图3-5和表3-3可以看出，相变材料的相变温度和相变潜热是随着相变材料的摩尔比的变化而改变的，摩尔比为4：1的LA-SA和摩尔比为9：1的LA-SA相变材料的相变温度和相变潜热是不同的。当摩尔比为6.5：1时其相变起始点最低，这就说明月桂酸（LA）与硬脂酸（SA）相变材料是可以形成二元低共熔混合物的，它们之间存在

一个低共熔点，这与相关文献的研究是一致的。二元混合物的相变温度和相变潜热明显低于单一组分的相变温度和相变潜热。虽然其相变潜热下降了不少，但仍可以保持在适当的值。从图3-6可以看出，当LA摩尔分数在86.7%之前，相变材料的相变温度随着摩尔分数的降低而降低，当LA摩尔分数超过86.7%之后，其相变温度又随着其摩尔分数的增加而增加。故LA与SA的比例为6.5：1（86.7：13.3）时其值是最低的。

二、二元低共熔混合物相变温度的理论计算与验证

月桂酸（LA）的分子量为200.32，熔点为43.9℃，相变潜热为161.8J/g，硬脂酸（SA）的分子量为284.48，熔点为69.1℃，熔化潜热为219.2J/g。本实验用公式（3-1）来验证计算的结果和实验值，其结果比较如表3-4所示。

表3-4　月桂酸LA和硬脂酸SA二元低共熔混合物的特性计算对比

项目	LA：SA/%	熔点/℃	熔化潜热/（J/g）
实验计算结果	86.7：13.3	38.8	135.1
理论计算结果	86.5：13.5	40.2	140.3
绝对误差	0.2	1.41	5.2
相对误差	0.2%/1.5%	3.5%	3.8%

注　0.2%/1.5%中0.2%是相对于86.7计算的结果而言，而1.5%则是相对于13.3计算的结果而言。

由表3-4可以看出，实验的计算结果和理论计算的结果值相差不大，此计算值和实验值非常吻合。因此可以用来计算脂肪酸类二元低共熔混合物的相关热特性参数。因此得出LA与SA的摩尔比为6.5：1。

三、LA、SA及LA-SA二元低熔物的热性能

图3-7～图3-9所示分别为月桂酸（LA）、硬脂酸（SA）以及LA-SA二元低共熔混合物在加热和冷却过程中的DSC曲线。通过DSC测试分析可以得到月桂酸（LA）、硬脂酸（SA）以及LA-SA相应的结晶温度（T_c）、结晶焓值（ΔH_c）和熔化温度（T_m）以及熔化焓值

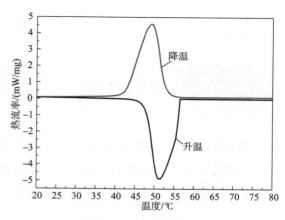

图3-7　LA的升温降温DSC曲线

（ΔH_m），如表3-5所示。

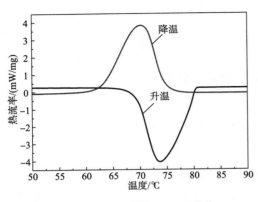

图3-8　SA的升温降温DSC曲线

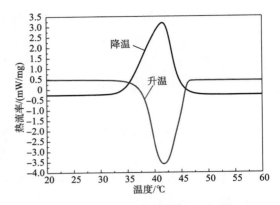

图3-9　LA-SA的升温降温DSC曲线

表3-5　LA、SA和LA-SA低共熔混合物的热性能参数

材料名称	熔化温度/℃	熔化焓值/（J/g）	结晶温度/℃	结晶焓值/℃
LA	43.9	161.8	42.3	165.4
SA	69.1	219.2	67.3	216.8
LA-SA	38.8	135.1	36.6	130.8

由图3-7～图3-9和表3-5可以看出，纯脂肪酸和二元低共熔混合物在升温过程和降温过程中，其熔化温度和结晶温度基本接近，其熔化温度比结晶温度高2℃左右，在升温过程中吸收的热量和降温过程中放出的热量也比较接近。升温过程曲线和降温过程曲线基本重合。

第三节　静电纺 LA-SA/PAN 复合相变纤维

静电纺丝的效果受很多参数的影响，本节探讨了纯PAN溶液静电纺丝的最佳条件，即电压、溶液浓度、纺丝的接收距离以及纺丝的喷射速度这四个主要参数对PAN纤维形貌的影响，以确定合适的工艺参数，为后续制备LA-SA/PAN复合相变纤维奠定基础。

一、LA-SA/PAN复合相变纤维的制备

（一）纯PAN的静电纺丝

1. PAN纺丝液的制备

称取一定量的聚丙烯腈（PAN）粉末溶解在适量 $N, N-$ 二甲基甲酰胺（DMF）溶剂中，配制成质量分数为8%、10%、12%、14%、16%的PAN溶液，将溶液密封后置于磁力搅拌器中搅拌6h直至溶液透明澄清，以备纺丝用。

2. 纺丝

采用的静电纺丝装置如图3-10所示。

将配制好的纺丝液倒入10mL的注射器中，金属针头内径为0.8mm。注射器固定于注射泵上，通过高压静电发生器（可提供0~30kV的直流电）上的铁夹夹持住针头，负载电压10kV~25kV。接收装置为锡箔包裹的滚筒，接收距离为15~30cm。调整工艺参数对不同浓度的PAN纺丝液进行试纺，将纺制好的纤维毡从接收装置中取下密封保存。

试纺后，根据实验结果确定最佳PAN纺丝液浓度，用于LA-SA/PAN复合相变纤维的制备。

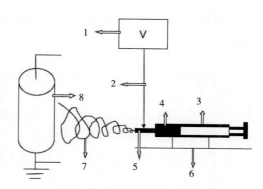

图3-10　静电纺丝装置示意图

1—高压静电发生器　2—金属电极　3—塑料注射器　4—聚合物溶液　5—毛细管（针头）6—注射泵　7—射流轨迹　8—滚筒接收装置

（二）LA-SA/PAN复合相变纤维的制备

根据上一节所述的方法制得LA-SA二元低混合物。选择恰当浓度的PAN溶液，并将制备好的LA-SA二元低共熔物分别溶解到该浓度的PAN溶液中，配成LA-SA/PAN质量比例为0.5∶1、0.7∶1、1∶1、1.2∶1的纺丝液，在上述设备中进行纺丝。

二、结构表征与性能测试

（一）表面形貌分析

将不同条件下所得的静电纺纤维膜经真空干燥箱干燥，除去残留溶剂后制样喷金，用于扫描电镜（JSM-6510LV）检测，喷金所用的电流为10mA，时间为3min，加速电压为5000V。纤维直径用图像分析软件对放大倍数为5000时的不同溶液制备的静电纺纤维的直径进行测量，每一种试样测试30根纤维，得出纤维的平均直径。

（二）DSC及TG热学分析

采用差示扫描量热分析仪（DSC-204F1，德国耐驰）测定LA-SA/PAN复合纤维的熔化温度和熔化熔值。测试样品的质量约为5mg，升温速度10℃/min，温度范围25～100℃。

采用热重分析仪（STA409PC，德国耐驰）对试样进行TG测试。单次测试样品量为5mg，气氛为氮气，气体流速20mL/min，升、降温速率为10K/min，测试温度范围为20～800℃，记录升温过程中的TG曲线。

（三）傅里叶红外分析(FTIR)

采用TENSOR 27X型傅里叶变换红外光谱分析仪对样品进行反射测试，测定样品的红外光谱。

（四）复合相变纤维的拉伸力学能测试

力学性能测试在Instron5566万能强力机上进行。取50mm×20mm的条形试样，纤维膜的厚度均为在相同纺丝条件下纺丝6h的厚度，平行样品均为5个，拉伸速度为10mm/min，所有测试均在温度20℃、相对湿度65%的环境下进行。

三、静电纺条件筛选及纤维形态观察

（一）PAN浓度的确定

一般情况下，纺丝液的浓度越大，黏度越大，当纺丝液的浓度增加到其内聚力足以克服其表面张力时就可形成连续的喷射细流。其他参数固定，改变PAN浓度进行静电纺丝，考察纯PAN的可纺性，所得纤维膜的扫描电镜图如图3-11所示。

在试纺过程中，16%以上PAN纺丝液不能连续纺丝，其余浓度几乎均可连续纺丝。PAN不同浓度溶液的静电纺丝现象如表3-6所示。

表3-6　不同浓度的PAN溶液的实验现象

序号	PAN浓度/%	实验现象
a	8	液滴滴落，可纺性差，大量串珠
b	10	有少量串珠形成，直径较细
c	12	纤维形态好，直径较粗
d	14	纤维形态良好，直径较粗
e	16	纺丝不连续

（a）8%　　　　　　　　　　　　　　（b）10%

（c）12%　　　　　　　　　　　　　　（d）14%

图3-11　不同浓度PAN纳米纤维扫描电镜图

结合图3-11和表3-6可知，当PAN浓度为8%时，扫描电镜下观察到纤维与珠状物共存，且珠状物偏多，纤维的表面不平整，有褶皱和沟槽，纤维的直径很细。主要原因是PAN溶液浓度偏低导致溶液黏度较小，纺丝时溶液大多形成串珠或液滴，无法形成连续的纤维。当PAN浓度为10%时，以纤维为主，串珠大大减少，得到相对均一的纤维；当PAN溶液浓度为12%时，其串珠较10%的溶液串珠少，几乎没有串珠，但纤维直径有一定增加。从图中也可以看出，随着PAN溶液浓度的增加，纺丝效果有一定的改善。但当PAN浓度到达14%时，纺丝效果又呈现下降趋势，这是因为纺丝液浓度过高导致溶液黏度过高所致；另外，当PAN浓度达到16%时，可纺性极差。由此可见，纺丝液的浓度并不是越高越好，而应保持在一个最佳的范围内，综合考虑，选择PAN溶液的浓度为12%。

（二）纺丝电压的确定

选取12%PAN纺丝液，将接收距离固定为20cm，纺丝液流速固定为1mL/h，调节纺丝电压为10kV、15kV、20kV进行纺丝，制备相应的纤维。纤维的SEM照片如图3-12所示，纤维直径的统计数据如表3-7所示。

表3-7　不同电压下静电纺PAN纤维的直径统计

样品编号	接收距离/cm	流速/（mL/h）	电压/kV	纤维平均直径/nm	纤维直径标准差/nm
a	20	1	10	714	71.7
b	20	1	15	718	60.6
c	20	1	20	853	72.4

（a）10kV　　　　　　　　（b）15kV　　　　　　　　（c）20kV

图3-12　不同电压下静电纺PAN纤维的扫描电镜图

由表3-7及图3-12可知，电压的大小对纤维直径和表面形态有一定的影响。相对而言，15kV纺得的纤维直径较为适中且标准差较小，所以后续纺丝电压选为15kV。

（三）纺丝接收距离的确定

纺丝电压固定为15kV，纺丝液流速固定为1mL/h，调节纤维接收距离为12cm、16cm、20cm、24cm的静电纺丝，制备相应的纤维。纤维的SEM照片如图3-13所示，纤维直径统计数据如表3-8所示。

（a）12cm　　　　　　　　　　　　　　　　（b）16cm

（c）20cm　　　　　　　　　　　　　　　　（d）24cm

图3-13　不同接收距离下PAN纤维的扫描电镜图

表3-8 不同接收距离下静电纺PAN纤维的直径统计

样品编号	接收距离 /cm	电压 /kV	流速 /（mL/h）	纤维平均直径 /nm	纤维直径标准差 /nm
a	12	15	1	566	61
b	16	15	1	785	96
c	20	15	1	718	89
d	24	15	1	998	97

由表3-8及图3-13可知，当接收距离为20cm时纤维细度均匀，而且直径标准差最小，因此选定静电纺PAN纤维接收距离为20cm。

（四）纺丝液流速的确定

纺丝电压固定为15kV，纤维接收距离固定为20cm，调节纺丝液流速为0.8mL/h、1mL/h、1.2mL/h纺丝，制备相应的纤维。纤维的SEM照片如图3-14所示，纤维直接统计数据如表3-9所示。

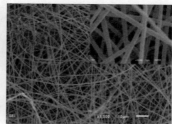

（a）0.8mL/h　　　　　　（b）1mL/h　　　　　　（c）1.2mL/h

图3-14 不同接收距离下PAN纤维的扫描电镜图

表3-9 不同纺丝液流速下静电纺PAN纤维的直径统计

样品编号	流速 /(mL/h)	电压 /kV	接收距离 /cm	纤维平均直径 /nm	纤维直径标准差 /nm
a	0.8	15	20	759	96.3
b	1	15	20	718	80.6
c	1.2	15	20	952	85.7

由表3-9及图3-14可知，当纺丝液流速为1mL/h时纤维粗细适中，直径分布最均匀，因此选定静电纺PAN纤维的纺丝液流速为1mL/h。

通过对纺丝电压、纺丝速率、接收距离的探究，选定了纺丝参数，即纺丝电压为15kV、纺丝速率为1mL/h、接收距离为20cm。

四、LA-SA/PAN复合相变纤维的结构与性能

（一）LA-SA/PAN复合纤维的形貌分析

不同LA-SA添加量的LA-SA/PAN复合纤维的SEM照片如图3-15所示，其直径统计数据如表3-10所示。

（a）0：1　　　　　（b）0.5：1　　　　　（d）0.7：1

（d）1：1　　　　　（d）1.2：1

图3-15　不同相变材料（LA-SA）含量的LA-SA/PAN复合纤维扫描电镜图

表3-10　不同LA-SA：PAN比例下纤维的直径统计

LA-SA：PAN	纤维根数/根	平均直径/nm	标准偏差/nm
0：1	30	715	86.7
0.5：1	30	805	53.2
0.7：1	30	811	56.8
1：1	30	834	76.8
1.2：1	30	927	94.6

a为纯纺PAN纤维，b、c、d和e样品为添加了不同比例LA-SA相变材料的复合纤维。由图3-15可以看出，添加了相变物质后PAN纤维明显变粗，且纤维表面呈现不规则形态。纯纺PAN纤维如图3-15（a）所示，表面呈现出光滑的圆柱形。在纺丝液中加入LA-SA低二元共熔物后，复合相变纤维表面出现了褶皱现象，如图3-15（b）～（e）所示。随着LA-SA二元低共熔物质量的增加，纤维的表面越来越不平整，褶皱现象越来越突出。这可

能是因为将不具备可纺性能的LA-SA二元低共熔物加入PAN溶液中，导致纺丝液性能的改变所致。从SEM图像可以看出，由于PAN基体的保护和支撑作用使LA-SA二元低共熔物能够极好地融入纤维中，形成较好的LA-SA/PAN复合纤维。

（二）LA-SA/PAN复合纤维的热性能分析(DSC/TG)

PAN质量分数分别为8%、10%和12%时，各复合纤维在加热过程中的DSC曲线以及LA-SA的DSC曲线如图3-16~图3-18所示，其热性能参数（熔化焓值以及熔化温度）如表3-11~表3-14所示。

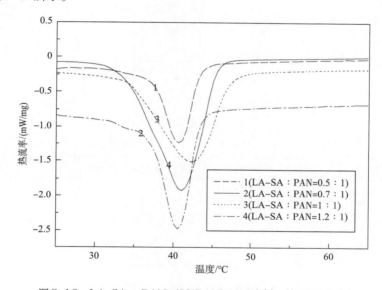

图3-16　LA-SA：PAN（8%PAN）不同比例下的DSC曲线

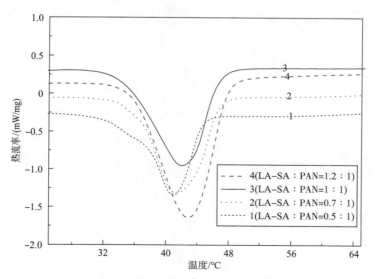

图3-17　LA-SA：PAN（10%PAN）不同比例下的DSC曲线

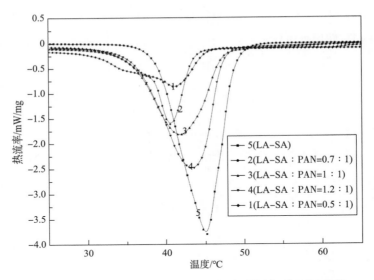

图3-18　LA-SA：PAN（12%PAN）不同比例下的DSC曲线

表3-11　LA-SA/PAN（8%PAN）复合相变纤维的热性能参数

样品(8%PAN)	起始点/℃	峰值点/℃	终止点/℃	相变潜热/（J/g）
LA-SA ：PAN=0.5：1	37.7	40.8	43.3	30.75
LA-SA ：PAN=0.7：1	38.2	40.4	42.4	32.24
LA-SA ：PAN=1：1	34.9	42.5	47.1	61.78
LA-SA ：PAN=1.2：1	34.5	41.1	45.5	79.12

表3-12　LA-SA/PAN（10%PAN）复合相变纤维的热性能参数

样品(10%PAN)	起始点/℃	峰值点/℃	终止点/℃	相变潜热/（J/g）
LA-SA ：PAN=0.5：1	37.2	40.9	44.0	34.68
LA-SA ：PAN=0.7：1	37.4	41.3	46.4	48.91
LA-SA ：PAN=1：1	36.0	42.1	46.5	53.08
LA-SA ：PAN=1.2：1	36.4	42.9	47.6	80.26

表3-13　LA-SA/PAN（12%PAN）复合相变纤维的热性能参数

样品(12%PAN)	起始点/℃	峰值点/℃	终止点/℃	相变潜热/（J/g）
LA-SA ：PAN=0.5：1	33.3	40.9	43.3	35.26
LA-SA ：PAN=0.7：1	38.9	40.5	43.3	46.21
LA-SA ：PAN=1：1	36.1	41.7	47.1	74.94
LA-SA ：PAN=1.2：1	36.9	44.0	46.9	88.08
LA-SA	38.8	44.1	48.2	135.1

从图3-16～图3-18以及表3-11～表3-13可以看出，不同浓度PAN纺制的纤维的DSC曲线变化不大。当PAN浓度变化，LA-SA：PAN的比值一定的时候，其相变温度和相变潜热的变化都较小，说明PAN浓度对其影响较小。当PAN浓度一定时，LA-SA和PAN的比例变化对其相变温度影响较小，然而其相变焓值则随着LA-SA：PAN比例的增加而相应地增加。LA-SA：PAN为1.2：1时的相变焓值比LA-SA：PAN为0.5：1时的焓值高出很多，这就说明热焓值与相变物质的含量直接相关。从表3-11～表3-13也可以看出各复合纤维的相变温度在33.3～38.9℃之间，接近LA-SA共熔物的相变温度38.8℃，而其相变焓值（30.75～88.08J/g）远低于纯LA-SA共熔物的热焓值135.1J/g。

复合相变纤维的TG曲线如图3-19所示。

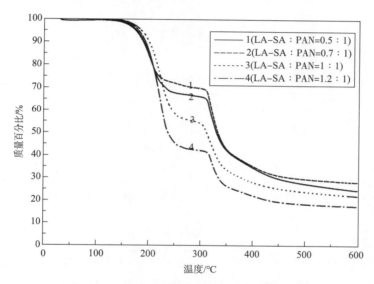

图3-19　LA-SA：PAN复合相变纤维的TG曲线

表3-14　LA-SA：PAN复合相变纤维的TG热性能参数

热性能参数	LA-SA：PAN= 0.5：1 （1～2阶段）		LA-SA：PAN= 0.7：1 （1～2阶段）		LA-SA：PAN= 1：1 （1～2阶段）		LA-SA：PAN= 1.2：1 （1～2阶段）	
起始点/℃	125.1	311.1	126.3	311.3	126.8	310.7	126.9	316.2
终止点/℃	224.2	510	236.7	510.8	237.5	512.7	250.3	525.6
质量变化/%	22.11	33.03	25.89	29.39	37.17	19	50.14	18.42

由图3-19和表3-14可知，纤维的热降解过程大致有两个阶段：第一阶段的降解，在125～225℃温度范围内，主要是复合相变纤维中LA-SA低共熔物的分解所致，主要是脂

肪酸的炭化，失重率达到最大值的温度为200℃左右。很明显，这一阶段的失重量会随着LA-SA与PAN比例的增加而增加。第二阶段的降解，从300℃左右开始，在500℃左右结束。这一部分主要是因为剩余残留物质PAN继续发生降解，失重率达到最大值时的温度为400℃左右。从中也可以看出，各纤维在100℃之前是没有分解的，这说明在相变温度范围内纤维的热稳定性较好。

（三）LA-SA/PAN复合纤维的红外光谱分析(FTIR)

LA-SA/PAN复合纤维的红外光谱图如图3-20所示。

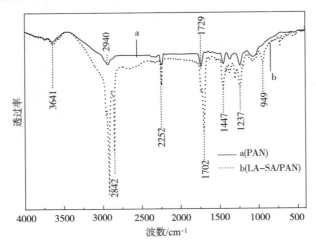

图3-20　PAN和LA-SA/PAN的红外光谱图

纯纺PAN的红外光谱［图3-20(a)］显示了PAN和DMF的主要化学基团特征峰：$1666cm^{-1}$处的C≡C特征峰，$1737cm^{-1}$处的—CHO特征峰，$2243cm^{-1}$处的—C≡N特征峰，$1300cm^{-1} \sim 1500cm^{-1}$处的—CH的面内弯曲振动峰。LA-SA/PAN复合相变纤维的红外光谱［图3-20(b)］显示在$1710cm^{-1}$处有非常强烈的特征吸收峰，这可能是LA-SA中的—C≡O伸缩振动峰与DMF的—CHO特征峰重叠的结果；在$2917cm^{-1}$处也有非常强烈的特征峰，这是可能是由于LA-SA二元低共熔物中的羧基在复合纤维中以氢键缔结成二聚体，呈现出—OH伸缩振动峰特征。氢键的存在能够增强LA-SA在复合相变材料中的稳定性，并加强复合相变纤维的定形能力。

（四）LA-SA/PAN复合纤维的力学性能

LA-SA/PAN复合纤维的强力测试结果如表3-15所示。

表3-15　LA-SA/PAN复合纤维毡强力测试

编号	LA-SA含量/g	试样平均厚度mm	平均断裂强度/MPa	平均断裂伸长率/%
1	LA-SA/PAN(0.5∶1)	0.266	1.404	66.096
2	LA-SA/PAN(0.7∶1)	0.252	1.936	62.416
3	LA-SA/PAN(1∶1)	0.286	0.924	70.084
4	LA-SA/PAN(1.2∶1)	0.267	0.796	76.882

由表3-15可以看出，静电纺LA-SA/PAN不同比例（0.5∶1；0.7∶1；1∶1；1.2∶1）的定形复合相变纤维的平均断裂强度和平均断裂伸长率分别为1.404 MPa、66.096%，1.936MPa、62.416%，0.924MPa、70.084%，0.796 MPa、76.826%。显然，不同比例的LA-SA/PAN复合相变纤维的平均断裂强度都比较低，这主要是由于LA-SA二元脂肪酸低共熔混合物的加入破坏了纤维基体结构的连续性。然而，LA-SA/PAN复合相变纤维的平均断裂伸长率均比较高，这可能是由于相变材料的加入使复合纤维的直径增加，纤维间的交叉结合点相应减少，因此在拉伸过程中，纤维之间更容易相对滑移，从而增加了拉伸时的伸长量。比较不同相变物质含量的复合纤维的断裂强度，可以看出，当LA-SA与PAN的混合比例为0.7∶1时，复合纤维强力最高，为1.936MPa，这可能是在这一比例时，LA-SA与PAN混合均一，所纺复合纤维结构完整而稳定，这与前面的SEM分析数据相吻合。

第四节　静电纺 LA-SA/PAN/TiO₂ 复合纤维

一、LA-SA/PAN/TiO₂复合纤维的形貌

（一）LA-SA/PAN/TiO₂复合纤维的纺丝成形

称取一定量的PAN粉末将其溶解在DMF溶剂中，分别配成质量分数为10%和12%的PAN溶液。然后再将制备好的LA-SA二元低共熔物溶解到PAN溶液中，配制成LA-SA/PAN质量比为0.5∶1、0.7∶1、1∶1、1.2∶1的复合纺丝液。然后称取一定量的TiO_2粉末（TiO_2与复合纺丝液中溶质的质量比为0.5%），分别加入不同比例的复合纺丝液中，并用磁力搅拌器搅拌，使之均匀地分散在复合纺丝液中。

将配制好的纺丝液倒入10mL的注射器中，在上述静电仿丝装置中进行纺丝，采用的电压为15kV，接收距离为20cm，纺丝液的喂给速度为1mL/h。

（二）复合纤维的形貌分析（SEM）

测试方法：采用电子显微镜JSM-6510LV对制备的复合纤维的表面形态进行分析。将试样剪碎烘干之后进行喷金处理，喷金的时间大约为3min；喷金所采用的电流为10mA；观察时采用二次电子检测器，加速电压为10kV。

LA-SA/PAN/TiO$_2$复合纤维的扫描电镜图如图3-21所示。将得到的扫描电镜照片通过测量软件在相同面积下随机选取30根纤维进行测量，计算纤维的平均直径，每张照片柱状图为各自的纤维直径分布情况，如图3-22所示，统计数据如表3-16所示

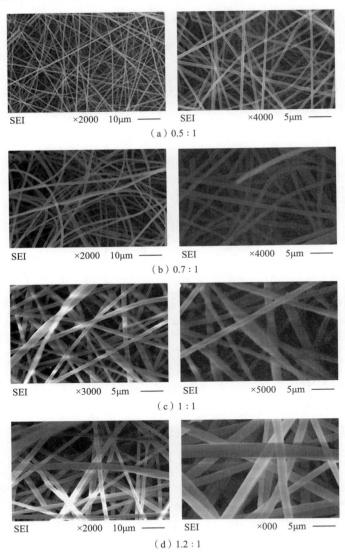

图3-21　不同比例下的纳米纤维扫描电镜图

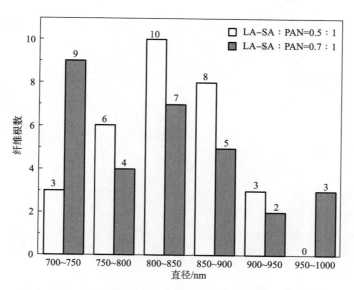

图3-22　加入TiO₂不同比例LA-SA/PAN的纤维直径分布图

表3-16　直径数据记录

LA-SA ：PAN	纤维根数/根	平均直径/nm	标准偏差/nm	TiO₂
0.5：1	30	810	54.7	有
0.7：1	30	817	55.6	
0.5：1	30	805	53.2	无
0.7：1	30	811	56.8	

从图3-21和表3-16可知，加入TiO₂后，当LA-SA与PAN的比例为0.5：1和0.7：1时，纤维的形貌较好，几乎没有什么珠状物，粗细较均匀，平均直径分别为810nm和817nm；当LA-SA与PAN的比例为1：1和1.2：1时，纤维与珠状物共存，且珠状物偏多，这说明TiO₂的加入对其可纺性是有影响的。从表3-16可知，纤维的平均直径会随着LA-SA与PAN的比例的增加而增加，因为当LA-SA与PAN的比例增加时，混合溶液的整体浓度会增大。而加入TiO₂后纤维的平均直径有所增加，这也说明TiO₂不宜加入太多，否则可纺性受影响。

二、LA-SA／PAN／TiO₂复合纤维的热性能

复合纤维的热性能测试条件详见第三节。

复合相变纤维的DSC测试结果如图3-23、图3-24及表3-17、表3-18所示。

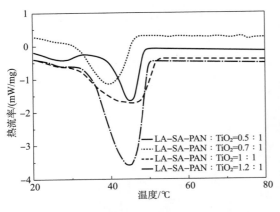

图 3-23 静电纺不同比例 LA-SA/PAN/TiO₂
复合纤维的 DSC 曲线图（10%PAN）

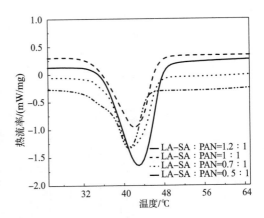

图 3-24 静电纺不同比例 LA-SA/PAN 复合
纤维的 DSC 曲线图（10%PAN）

表3-17　LA-SA/PAN/TiO₂复合相变纤维的热性能参数

样品(10%PAN)	起始点/℃	峰值点/℃	终止点/℃	相变潜热/（J/g）
LA-SA-PAN ：TiO₂=0.5：1	37.1	42.1	45.1	32.91
LA-SA-PAN ：TiO₂=0.7：1	32.8	38.2	44.6	46.54
LA-SA-PAN ：TiO₂=1：1	33.6	42.3	47.6	54.36
LA-SA-PAN ：TiO₂=1.2：1	34.2	42.9	46.5	82.6

表3-18　LA-SA/PAN复合相变纤维的热性能参数

样品（10%PAN）	起始点/℃	峰值点/℃	终止点/℃	相变潜热/（J/g）
LA-SA ：PAN=0.5：1	37.2	40.9	44.0	34.68
LA-SA ：PAN=0.7：1	37.4	41.3	46.4	48.91
LA-SA ：PAN=1：1	36.0	42.1	46.5	53.08
LA-SA ：PAN=1.2：1	36.4	42.9	47.6	80.26

对比未加入 TiO₂ 的热性能参数，从图3-23和图3-24及表3-17和表3-18可以看出：TiO₂ 的加入并没有导致其相变温度的变化。因为 TiO₂ 的加入并没有使相变材料的性质发生变化，其熔值不变可能是因为二氧化钛的量本来就很少，所以对其熔值的影响不大。这与前面的结果即相变熔值主要是受其相变物质的质量的影响是一致的。

复合相变纤维在经过30次热循环后其热性能的变化情况如图3-25所示，其相关参数如表3-19所示。

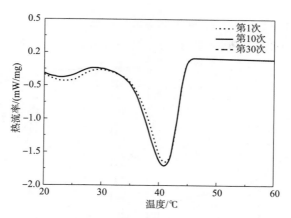

图3-25 静电纺LA-SA/PAN/TiO₂复合纤
维的热循环DSC升温曲线图（10%PAN）

表3-19 静电纺LA-SA／PAN／TiO₂复合纤维的热循环升温段DSC相关数据

起始点／℃	峰值点／℃	终止点／℃	焓值／（J/g）
33.2	41.3	46.5	54.48
33.1	41.2	46.6	55.61
33.1	41.2	46.6	55.60

表3-20 静电纺LA-SA／PAN／TiO₂复合纤维的热循环降温段DSC相关数据

起始点／℃	峰值点／℃	终止点／℃	焓值／（J/g）
32.2	40.3	47.5	53.48
32.1	38.3	47.6	54.61
32.3	38.6	47.6	54.60

DSC测试了复合相变纤维经过30次热循环后其热性能的变化情况。图3-26所选取的3条DSC曲线是其第1次、第10次及第30次的相关曲线。本章所选取的是LA-SA/PAN/TiO₂（LA-SA/PAN为1∶1）的复合纤维的DSC曲线。由图3-26可以看出，在经过30次热循环以后，不同循环下的曲线是重合的，即复合相变纤维的相变温度和潜热都没有因此而减小，或者发生改变。这就说明静电纺LA-SA/PAN/TiO₂复合

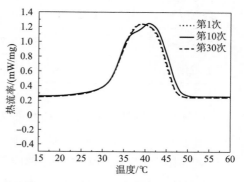

图3-26 静电纺LA-SA/PAN/TiO₂复合
纤维的热循环DSC降温曲线图（10%PAN）

相变纤维，可以多次循环使用，并且具备较好的稳定性。

复合相变材料的TG测试结果如图3-27、图3-28及表3-21、表3-22所示。

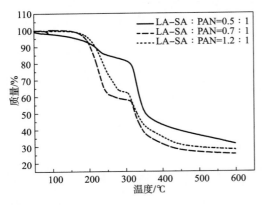
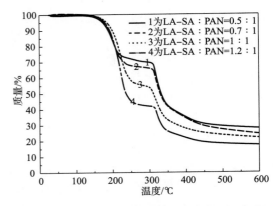

图3-27　LA-SA/PAN/TiO₂复合相变纤维的TG曲线　　图3-28　LA-SA/PAN复合相变纤维的TG曲线

表3-21　LA-SA／PAN／TiO₂复合相变纤维的TG热性能参数

热性能参数	LA-SA：PAN= 0.5：1 （1～2阶段）		LA-SA：PAN= 0.7：1 （1～2阶段）		LA-SA：PAN= 1：1 （1～2阶段）		LA-SA：PAN= 1.2：1 （1～2阶段）	
起始点／℃	125.1	311.1	126.3	311.3	126.8	310.7	126.9	316.2
终止点／℃	224.2	510	236.7	510.8	237.5	512.7	250.3	525.6
质量变化／%	22.11	33.03	25.89	29.39	37.17	19	50.14	18.42

表3-22　LA-SA／PAN复合相变纤维的TG热性能参数

热性能参数	LA-SA：PAN= 0.5：1 （1～2阶段）		LA-SA：PAN= 0.7：1 （1～2阶段）		LA-SA：PAN= 1：1 （1～2阶段）		LA-SA：PAN= 1.2：1 （1～2阶段）	
起始点／℃	125.1	311.1	126.3	311.3	126.8	310.7	126.9	316.2
终止点／℃	224.2	510	236.7	510.8	237.5	512.7	250.3	525.6
质量变化／%	22.11	33.03	25.89	29.39	37.17	19	50.14	18.42

从图3-27和图3-28的TG曲线可以看出，随着TiO₂的加入，复合相变纤维的热稳定性发生了一定的变化。加入TiO₂后的纤维，其最后残留质量比没有加入TiO₂的残留质量大。从图中可以看出，加入TiO₂的初始降解温度和最大热分解温度高于没有加入TiO₂的材料，初始降解温度为200℃左右，最大热分解温度为350℃左右，没有加入TiO₂的纤维，初始降解温度为150℃左右，最大热分解温度为300℃左右。由此可见，TiO₂的加入提高了

LA-SA/PAN复合体系在高温下的热稳定性。整体而言，TiO$_2$的加入会影响LA-SA/PAN纺丝液的可纺性，但可提高纤维的耐热性，纺丝液中可适当添加TiO$_2$。

一、PAN/PEG 电纺膜的制备

将聚丙烯腈热溶解于 N, N-二甲基甲酰胺溶液中，配制成质量比为8%、10%、12%、14%、16%的溶液，分别进行静电纺丝，根据实验进行情况和文献阅读分析，得出质量分数为12%的PAN溶液静电纺丝的效果最佳，故定量溶质的质量为12g，将PEG1000/2000溶于 N, N-二甲基甲酰胺溶液中配制成质量分数为12%的溶液，将两种溶液按照不同质量分数，如PEG质量与PAN质量之比分别为0∶10、1∶9、2∶8、3∶7、5∶5，使它们在不同在烧杯中混合，分别编号为A0、A1、A2、A3、A4，常温下搅拌4~6h，在室温下放置一段时间后，观察共聚物溶液的相容性，将分层溶液搅拌均匀透明后使用。

在 N, N-二甲基甲酰胺溶液中，溶质的质量分数固定为12%，改变聚丙烯腈和聚乙二醇1000/2000的混合比，观察溶液的溶解性，在溶液达到透明后放置一段时间仍是稳定的话，即可立刻用于静电纺丝操作。

分别在不同聚合物溶液中用注射器取15mL样品，置于静电纺丝仪上，打开表面铺有锡纸的滚筒装置使其按80圈/min自转，接通正负极，打开电压，设置电压为15kV，注射器针头与滚筒距离为15cm，推进速度为0.8mL/h。待12h后获取样品共纺膜，置于样品袋中以供后续检测。

二、PAN/PEG 电纺膜的SEM观察

图3-29~图3-32分别为PAN/PEG混纺电纺膜的直观图和纤维表面形态SEM图。由图3-29（a）可知，纯PAN电纺膜的颜色为白色，添加的PEG1000/2000也为白色，故样品均呈白色膜状，但随着PEG的含量增多，PEG含量最多的电纺膜［图3-29（e）］表面出现液滴状痕迹。

图3-30~图3-32分别展示了在电镜下1000倍、3000倍和5000倍下五种不同电纺膜的纤维形貌图，随着PEG的含量增加，在同倍数的对照下，可以明显发现纤维的直径在减小，PEG含量（PEG占PAN/PEG的含量）为30%的电纺膜中，纤维直径普遍在300nm左右，但当PEG含量达到50%时，电纺膜稳定性较差，纺出的很多带有液滴的纤维，无法很好地进行对照。

（a）纯PAN电纺膜　　　　　（b）PAN/10%PEG电纺膜　　　　（c）PAN/20%PEG电纺膜

（d）PAN/30%PEG电纺膜　　　　　　　（e）PAN/50%PEG电纺膜

图3-29　PAN及PAN/PEG电纺膜的实样图

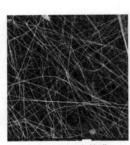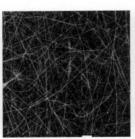

（a）纯PAN电纺膜　　　　　（b）PAN/10%PEG电纺膜　　　　（c）PAN/20%PEG电纺膜

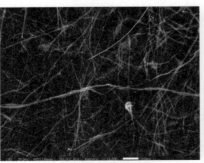

（d）PAN/30%PEG电纺膜　　　　　　　（e）PAN/50%PEG电纺膜

图3-30　1000倍下电纺膜纤维形貌

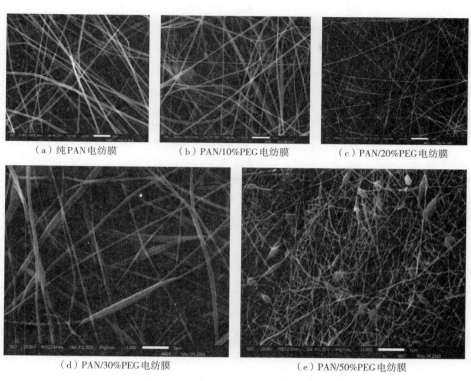

（a）纯PAN电纺膜 （b）PAN/10%PEG电纺膜 （c）PAN/20%PEG电纺膜

（d）PAN/30%PEG电纺膜 （e）PAN/50%PEG电纺膜

图3-31　3000倍下电纺膜纤维形貌

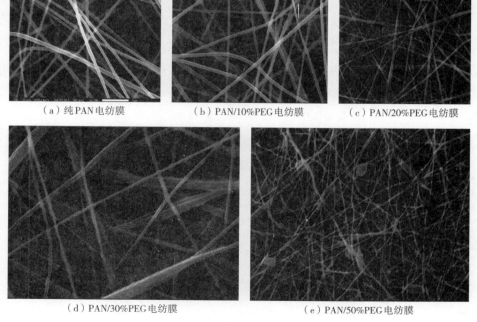

（a）纯PAN电纺膜 （b）PAN/10%PEG电纺膜 （c）PAN/20%PEG电纺膜

（d）PAN/30%PEG电纺膜 （e）PAN/50%PEG电纺膜

图3-32　5000倍下电纺膜纤维形貌

三、PAN/PEG电纺膜的热学性能

A1～A4电纺膜的DSC图如图3-33所示。从图3-33可以明显看出电纺膜A1-A4样品的相变功能，成功地实现了PEG/PAN电纺膜的纺制。PEG/PAN的相变温度的变化见表3-23和表3-24。

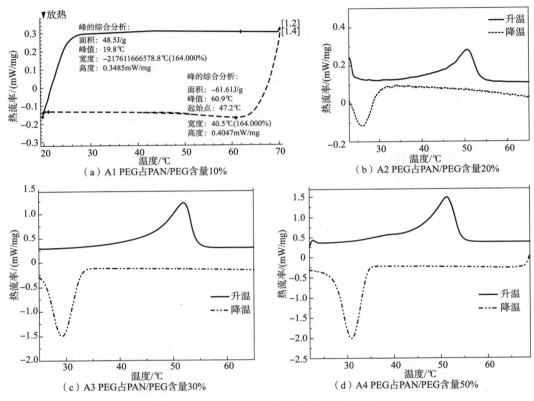

图3-33　PAN/PEG电纺膜的DSC分析图

表3-23　PAN/PEG电纺膜的升温段相变温度参数

样品种类	取样质量/mg	相转变起始温度/℃	相转变峰值温度/℃	相转变终止温度/℃
A1	4.984	20	60.9	68
A2	5.126	21.1	50.9	59.4
A3	5.066	21.2	47.9	54.2
A4	4.943	20.1	45.3	49.4

表3-24　PAN／PEG电纺膜的冷却阶段相变温度参数　　　　单位：℃

样品种类	相转变起始温度	相转变峰值温度	相转变终止温度
A1	22	29	30
A2	22.1	29.9	33
A3	22.7	30.2	35
A4	24.4	30.6	38

图3-33中（a）~（d）的DSC图在加热和冷却循环中都有明确的单曲线，其结果验证了静电纺丝膜的良好相变特性，聚丙烯腈共聚物的形成也比较良好。A1中PEG含量过少，故热检测结果较为不明显，但A2~A4的结果很显著。随着PEG含量的增加，其升温段热熔值变化分别为31.52J／g、84.08J／g、132.1J／g，依次明显上升，而冷却循环在DSC结果中差异很小。

从图3-33中，可以看到在升温段特征峰的宽度随着PEG含量的增加而增加，特征峰的高度也随着PEG含量的递增而增加，而且随PEG含量增加，相转变温度的峰值温度逐渐降低。

第四章

碳化锆基光热转换复合纱线

从传统的纱线到功能性纱线，纱线已经从简单变为复杂，从单一功能变为多功能，其应用范围也从传统的保暖服用扩展到了医疗卫生、航空航天和环境保护等领域。

常规的功能化纱线有抗紫外纱线、抗菌纱线、抗静电纱线等。随着纺织品应用领域的发展，出现了很多新型功能化纱线，如热量管理纱线、电子信息纱线和环境变色纱线等（图4-1）。这些纱线功能化的实现主要基于能量转换。例如，储能调温纱线涉及热能和化学能的相互转化，光热转换纱线涉及热能和光能的相互转化等。开发这些功能化纱线的关键是研究能量转化的机理，制备具有定制组成和结构的功能化纱线，并最终实现能量的有效利用和转化。对于热量管理类纱线尤其如此。热量管理类纱线主要涉及光热转换和储能调温功能，这些新型功能化纱线正日益受到人们的关注。

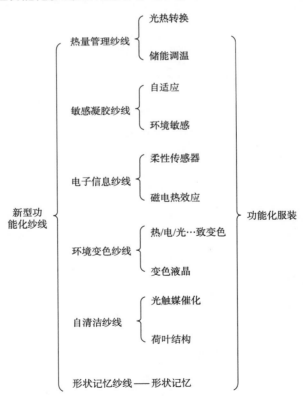

图4-1 新型功能化纱线的主要类别

一、涤纶／碳化锆复合纱线的制备

采用浆纱涂覆法对涤纶纱线进行改性处理，在涤纶纱线表面涂覆聚乙烯醇缩丁醛／碳化锆涂层，制得具有光热转换和抗紫外特性的多功能纱线，并对该纱线的结构和性能进行表征，所用材料如表4-1所示。

表4-1　涤纶／碳化锆复合纱线的实验材料

材料名称	规格	生产厂家
涤纶纱线	20 S/2	永康市东进制线有限公司
碳化锆	50～300nm	湖南华炜精诚美星科技有限公司
聚乙烯醇缩丁醛	分析纯	国药集团化学试剂有限公司
水溶性聚酯颗粒	化工级	湖北山特莱新材料有限公司
聚氨酯颗粒	HK-620C	上海享金化工有限公司
无水乙醇	分析纯	国药集团化学试剂有限公司
N,N-二甲基甲酰胺	分析纯	国药集团化学试剂有限公司
去离子水	一级	实验室自制

（一）碳化锆悬浮液的制备

分别称量9.9g聚乙烯醇缩丁醛（PVB）、聚氨酯（PU）颗粒以及聚酯（PET）颗粒依次加入到180g无水乙醇、80℃的N,N-二甲基甲酰胺以及80℃的去离子水中，用搅拌器搅拌2h，再依次加入7.9g碳化锆（ZrC）颗粒并继续搅拌2h，最后超声1h得到均匀分散的5%聚乙烯醇缩丁醛／4%碳化锆悬浮液、5%聚氨酯／4%碳化锆悬浮液以及5%聚酯／4%碳化锆悬浮液。

称量9.4g、9.7g、9.9g、10.1g、10.3g聚乙烯醇缩丁醛分别加入到180g无水乙醇中，用搅拌器搅拌2h，再依次加入0g、3.9g、7.9g、12.1g、16.5g碳化锆颗粒并继续搅拌2h，最后超声1h得到均匀分散的5%聚乙烯醇缩丁醛溶液、5%聚乙烯醇缩丁醛／2%碳化锆悬浮液、5%聚乙烯醇缩丁醛／4%碳化锆悬浮液、5%聚乙烯醇缩丁醛／6%碳化锆悬浮液以及5%聚乙烯醇缩丁醛／8%碳化锆悬浮液。

称量0g、5.8g、9.9g、14.2g、18.6g聚乙烯醇缩丁醛分别加入180g无水乙醇中，用搅拌器搅拌2h，再依次加入7.5g、7.7g、7.9g、8.1g、8.3g碳化锆颗粒并继续搅拌2h，最后超声1h得到均匀分散的4%碳化锆悬浮液、3%聚乙烯醇缩丁醛／4%碳化锆悬浮液、5%聚乙烯醇缩丁醛／4%碳化锆悬浮液、7%聚乙烯醇缩丁醛／4%碳化锆悬浮液及9%聚乙烯醇缩丁醛/4%碳化锆悬浮液。

（二）涤纶/碳化锆复合纱线的制备

将碳化锆悬浮液倒入浆纱机浆槽中，然后将涤纶纱线通过导纱装置引入碳化锆悬浮液中，经过压辊、烘房得到涤纶/碳化锆复合纱线。具体工艺参数为：浆槽温度为室温，烘房温度为30℃，浆纱速度为30mm/s。

（三）涤纶/碳化锆复合织物的制备

为了便于测试，将上述得到的涤纶/碳化锆复合纱线通过机织小样机织造得到涤纶/碳化锆复合织物。具体织物参数为：平纹织物，经密240根/10cm，纬密178根/10cm。

以涤纶/聚乙烯醇缩丁醛/碳化锆复合纱线及其织物为例，具体制备过程如图4-2所示。

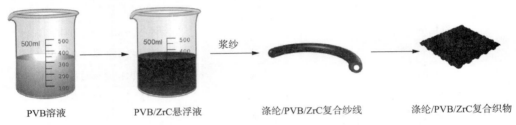

PVB溶液　　　　PVB/ZrC悬浮液　　　涤纶/PVB/ZrC复合纱线　　涤纶/PVB/ZrC复合织物

图4-2　涤纶/聚乙烯醇缩丁醛/碳化锆复合纱线及其织物的制备过程

二、涤纶/碳化锆复合纱线的红外光热性能

（一）测试方法

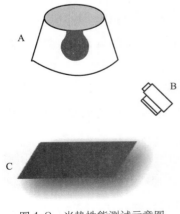

图4-3　光热性能测试示意图
A—红外灯；B—红外摄像机；C—织物

将涤纶纱线和涤纶/碳化锆复合纱线分别制备的织物，采用红外灯（R95E 100W，荷兰皇家飞利浦公司，主波段为950nm）和红外摄像机（FLIR-E8，美国FLIR有限公司）对织物的光热性能进行测试。为保证实验的准确性，在恒温恒湿实验室进行该织物的光热性能测试，实验室的温度和湿度分别为26℃和39%。测试过程中，将织物放置在相同位置，红外灯距离织物高度为25cm，红外摄像机距离织物高度为35cm。测试时，用红外灯照射织物180s，每隔15s观察记录一次织物表面温度，并在去除红外灯后持续测量360s来评价织物光热效果的耐久性。光热性能测试示意图如图4-3所示。

（二）红外光热性能分析

涤纶纱线和涤纶/碳化锆复合纱线分别制备的织物在红外照射下的表面温度随照射时间的变化如图4-4所示。

图4-4（a）是同涤纶芯层不同涂层复合纱线所制织物的温度变化情况，分别为5%聚乙烯醇缩丁醛/4%碳化锆涂层、5%聚酯/4%碳化锆涂层及5%聚氨酯/4%碳化锆涂层。由图中可以看出，不同涂层的复合纱线所制织物与涤纶纱线所制织物相比，添加碳化锆的复合织物在红外灯照射下，温度更高及上升的速度更快，说明碳化锆能够起到吸收红外线，将光能转化为热能的作用。经过红外灯180s照射后，5%聚乙烯醇缩丁醛/4%碳化锆涂层复合织物的温度为94.5℃，5%聚酯/4%碳化锆涂层复合织物、5%聚氨酯/4%碳化锆涂层复合织物及涤纶织物的温度分别为87.3℃、84.8℃和45.9℃。在去除红外灯照射30s以内，5%聚乙烯醇缩丁醛/4%碳化锆涂层复合织物的温度降低到与5%聚氨酯/4%碳化锆涂层复合织物相似的温度。在210s之后，5%聚乙烯醇缩丁醛/4%碳化锆涂层复合织物的温度与涤纶织物的温度相似，这表明含有聚乙烯醇缩丁醛/碳化锆涂层的复合织物能够在短时间内释放相对较多的热量，具有更好的热效应。

图4-4（b）显示了碳化锆浓度对复合纱线所制织物光热转换性能的影响。经过红外灯180s照射后，添加4%碳化锆复合纱线所制织物的表面温度比添加0、2%、6%及8%的复合织物分别增加43.2℃、3.5℃、1.7℃和4.7℃，说明碳化锆光热转换能力随添加量的增加呈现出先上升后下降的趋势，石等人的研究结果也证明了这一点。在去除红外灯照射15s以内，添加4%碳化锆复合织物的表面温度降低到与6%碳化锆复合织物相似的表面温度。在240s之后，添加4%碳化锆复合织物的表面温度与未添加碳化锆复合织物的表面温度相似。

图4-4（c）显示了聚乙烯醇缩丁醛浓度对复合纱线所制织物光热转换性能的影响。聚乙烯醇缩丁醛作为黏结剂可以提高涂层厚度和致密度。经过红外灯180s照射后，添加5%聚乙烯醇缩丁醛复合纱线所制织物的表面温度比添加0、3%、7%和9%的复合织物分别增加了9.7℃、3.6℃、6.3℃和7.5℃，说明聚乙烯醇缩丁醛浓度过小或过大都不易携带碳化锆颗粒涂敷在涤纶纱线表面，从而使复合纱线的光热转换能力随聚乙烯醇缩丁醛添加量的增加呈现出先上升后下降的趋势。在去除红外灯照射30s以内，添加5%聚乙烯醇缩丁醛复合织物的表面温度降低到与3%聚乙烯醇缩丁醛复合织物相似的表面温度。在150s之后，添加5%聚乙烯醇缩丁醛复合织物的表面温度与未添加聚乙烯醇缩丁醛复合织物的表面温度相似。

图4-4（d）为涤纶/碳化锆复合纱线所制织物的光热稳定性测试结果示意图，该复合纱线的涂层为5%聚乙烯醇缩丁醛/4%碳化锆。涤纶纱线表面涂覆的聚乙烯醇缩丁醛层使涤纶/聚乙烯醇缩丁醛/碳化锆复合纱线具有优异的耐久性。由图中可以看出，该复合纱线所制织物在重复照射红外灯与去除红外灯的过程20次之后，再被红外灯照射180s时，温度

为91.6℃，与复合织物未循环前温度相比，只降低了3%。这表明涤纶/聚乙烯醇缩丁醛/碳化锆复合纱线具有出色的耐久性和循环稳定性。

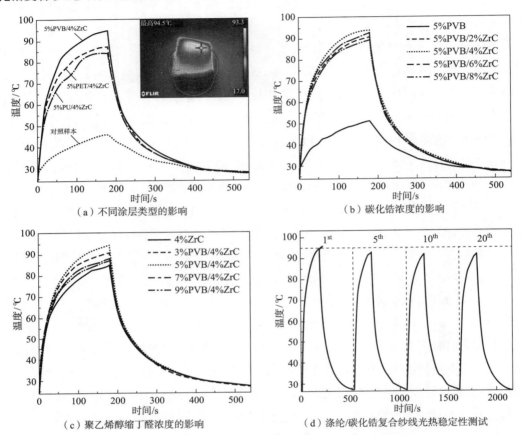

（a）不同涂层类型的影响　　　　　　　（b）碳化锆浓度的影响

（c）聚乙烯醇缩丁醛浓度的影响　　　　（d）涤纶/碳化锆复合纱线光热稳定性测试

图4-4　涤纶/碳化锆复合纱线的红外光热性能图

三、涤纶/碳化锆复合纱线的UV-vis-NIR性能

（一）测试方法

将涤纶纱线和涤纶/碳化锆复合纱线，通过使用紫外分光光度计（UV-3600Plus，日本岛津有限公司）对纱线的吸光度进行测试，其中波长范围为300~2500nm，扫描速度为高速，采样间隔为2nm。

（二）UV-vis-NIR性能分析

对涤纶纱线和涤纶/碳化锆复合纱线进行紫外—可见—近红外光谱表征，测试结果如图4-5所示。

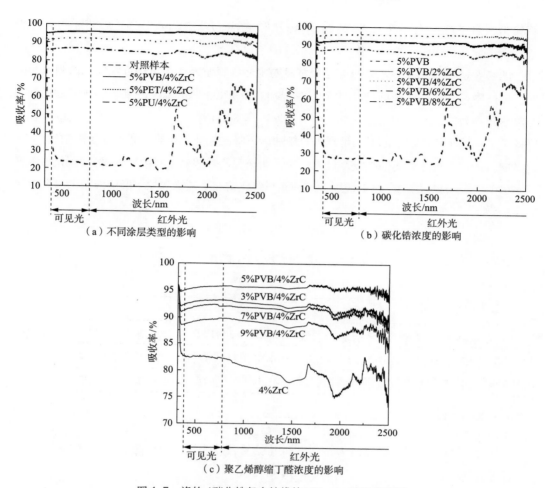

图4-5 涤纶/碳化锆复合纱线的UV-vis-NIR性能图

　　图4-5（a）是同涤纶芯层不同涂层复合纱线的紫外—可见—近红外光谱测试结果。由图中可以看出，在近红外波长范围（780～2500nm）内，含有碳化锆复合纱线的近红外吸收率显著增加，与光热性能测试结果相吻合。5%聚乙烯醇缩丁醛/4%碳化锆涂层复合纱线的近红外光吸收率最高，为96.42%。5%聚酯/4%碳化锆涂层及5%聚氨酯/4%碳化锆涂层复合纱线的近红外光吸收率分别为91.68%和85.56%。涤纶纱线的近红外光吸收率最低，为21.74%。碳化锆的添加也改善了涤纶纱线的可见光吸收率。涤纶纱线的可见光吸收率在20%左右，5%聚乙烯醇缩丁醛/4%碳化锆涂层复合纱线的近可见光吸收率在95%左右。这进一步说明添加碳化锆的复合纱线光热性能较强，是因为碳化锆在300～2500nm波长范围内具有较高的吸收性能。

　　图4-5（b）显示了碳化锆浓度对复合纱线紫外—可见—近红外光谱测试的影响。由图中可以看出，添加4%碳化锆复合纱线的近红外吸收率最高，为96.42%。添加2%、6%及8%碳化锆复合纱线的近红外光吸收率分别为92.14%、91.68%和87.15%。未添加

碳化锆复合纱线的近红外光吸收率最低，为25.35%。该测试结果与光热性能测试结果一致。

图4-5（c）显示了聚乙烯醇缩丁醛浓度对复合纱线紫外—可见—近红外光谱测试的影响。由图中可以看出，添加0%、3%、5%、7%及9%聚乙烯醇缩丁醛复合纱线的近红外光吸收率分别为77.83%、94.62%、96.42%、91.94%及89.31%。复合纱线对近红外光的吸收率随聚乙烯醇缩丁醛添加量的增加呈现出先增加后下降的趋势，当聚乙烯醇缩丁醛浓度为5%时，复合纱线对近红外光的吸收率最大。这说明当聚乙烯醇缩丁醛浓度为5%，碳化锆浓度为4%时，涤纶纱线的涂覆效果最好，这可能与碳化锆在聚乙烯醇缩丁醛溶液中的分散效果有关。

四、涤纶/碳化锆复合纱线的形态结构

（一）测试方法

取涤纶纱线和涤纶/碳化锆复合纱线，对其进行制样和喷金处理，通过使用扫描电子显微镜（SEM，JSM-7800/JSM-IT300，日本电子株式会社）和X射线能谱仪（EDS）对纱线的表观形态和元素分布进行测试，其中扫描电子显微镜的加速电压为20kV。

（二）形态结构分析

对涤纶纱线和涤纶/聚乙烯醇缩丁醛/碳化锆复合纱线进行扫描电子显微镜（SEM）和X-射线能谱（EDS）测试，测试结果如图4-6所示。

图4-6（a）（b）为涤纶纱线放大2000倍和8000倍的表面形态图，表明涤纶纱线表面洁净、光滑。图4-6（d）（e）为涤纶/聚乙烯醇缩丁醛/碳化锆复合纱线放大2000倍和8000倍的表面形态图，可以看出经过聚乙烯醇缩丁醛/碳化锆涂层涂覆之后，涤纶纱线表面均匀包覆一层胶状物，上面附着大量颗粒状物质。通过对比图4-6（c）和（f），可以看出涤纶/聚乙烯醇缩丁醛/碳化锆复合纱线为皮芯结构，芯层为涤纶纱线，表层为聚乙烯醇缩丁醛/碳化锆涂层。图4-6（g）为涤纶纱线的X-射线能谱（EDS）图，检测出其主要含有C、O元素，而C、O元素为涤纶的主要化学元素。通过图4-6（h）X-射线能谱（EDS）图可以看出，与涤纶纱线相比，涤纶/聚乙烯醇缩丁醛/碳化锆复合纱线可以检测到锆元素，表明纳米碳化锆颗粒成功涂覆于涤纶纱线表面。图4-6（i）为涤纶纱线的实物图，图4-6（j）为涤纶/聚乙烯醇缩丁醛/碳化锆复合纱线的实物图，表明由于纳米碳化锆颗粒的附着，涂覆后涤纶纱线的颜色从白色变为黑色且表面光滑，聚乙烯醇缩丁醛/碳化锆涂层涂覆效果较好，无脱落和结块等现象。

（a）涤纶纱线在纵向SEM图（一）

（b）涤纶纱线在纵向SEM图（二）

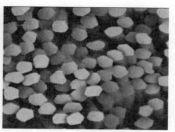

（c）涤纶纱线在横向SEM图

（d）涤纶/聚乙烯醇缩丁醛/碳化锆
复合纱线纵向SEM图（一）

（e）涤纶/聚乙烯醇缩丁醛/碳化锆
复合纱线纵向SEM图（二）

（f）涤纶/聚乙烯醇缩丁醛/碳化锆
复合纱线横向SEM图

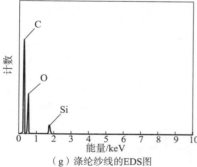

（g）涤纶纱线的EDS图

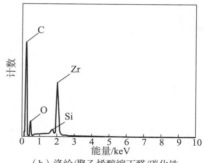

（h）涤纶/聚乙烯醇缩丁醛/碳化锆
复合纱线的EDS图

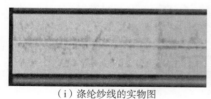

（i）涤纶纱线的实物图

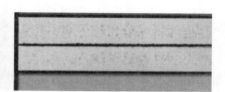

（j）涤纶/聚乙烯醇缩丁醛/碳化锆
复合纱线的实物图

图4-6　涤纶纱线和涤纶/聚乙烯醇缩丁醛/碳化锆复合纱线的SEM
图和EDS图

五、涤纶/碳化锆复合纱线的物相

（一）测试方法

将涤纶纱线和涤纶/碳化锆复合纱线剪成粉末，使用X射线衍射仪对粉末的物相组成进行测试，其中X射线源为Cu靶Kα线，λ=0.15406nm，扫描范围为5°~80°，扫描步长为10°/min。

（二）物相分析

对涤纶纱线和涤纶/碳化锆复合纱线进行X-射线衍射（XRD）测试，测试结果如图4-7所示。

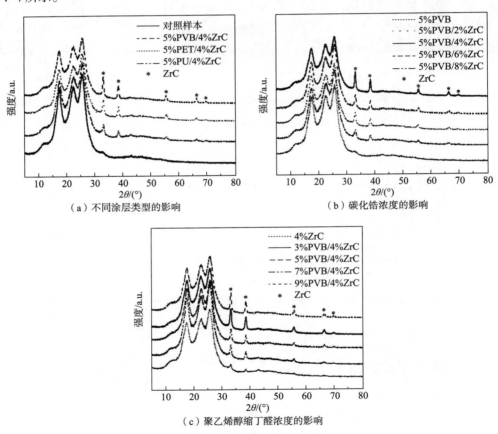

（a）不同涂层类型的影响　　（b）碳化锆浓度的影响

（c）聚乙烯醇缩丁醛浓度的影响

图4-7　涤纶/碳化锆复合纱线的XRD图

由图4-7可以看出，在涤纶纱线和涤纶/碳化锆复合纱线的XRD图中，在衍射角为17.80°、22.68°、26.02°处的三个峰分别对应于聚酯的（010）、（110）、（100）特征衍射晶面。在衍射角为33.26°、38.46°、55.40°、66.17°、65.90°处的衍射峰分别对应于立方相碳化锆的（111）、（200）、（220）、（311）和（222）晶面。这进一步证明了纳米碳化锆颗粒成功涂覆于涤纶纱线表面。

图4-7（a）是同涤纶芯层不同涂层复合纱线的XRD图，分别为5%聚乙烯醇缩丁醛/4%碳化锆涂层、5%聚酯/4%碳化锆涂层以及5%聚氨酯/4%碳化锆涂层。由图中可以看出，5%聚乙烯醇缩丁醛/4%碳化锆涂层复合纱线相对于5%聚酯/4%碳化锆涂层及5%聚氨酯/4%碳化锆涂层复合纱线，立方相碳化锆的峰值更高，峰形更尖锐。这验证了红外光热性能测试结果，说明涤纶/聚乙烯醇缩丁醛/碳化锆复合纱线中的碳化锆含量最多。图4-7（b）显示了碳化锆浓度对复合纱线XRD的影响。由图中可以看出，添加4%碳化锆复合纱线的立方相碳化锆的峰值更高，峰形更尖锐。图4-7（c）显示了聚乙烯醇缩丁醛浓度对复合纱线XRD的影响。由图中可以看出，添加5%聚乙烯醇缩丁醛复合纱线的立方相碳化锆的峰值更高，峰形更尖锐。这意味着5%聚乙烯醇缩丁醛/4%碳化锆涂层复合纱线中的碳化锆含量更高，光热效应更好。这也与前面的红外光热测试结果相吻合。

六、涤纶/碳化锆复合纱线的热稳定性能

（一）测试方法

将涤纶纱线和涤纶/碳化锆复合纱线剪成粉末，通过使用热重分析仪（TGA55，美国TA仪器有限公司）对纱线的残留量和相对质量损失进行测试，其中测温范围为30~800℃，升温速率为10℃/min，气氛为N_2保护。

（二）热稳定性能分析

对涤纶纱线和涤纶/碳化锆复合纱线进行热稳定性能测试，测试结果如图4-8所示。

由图4-8可以看出，涤纶纱线的主要失重温度范围在353~479℃，在432℃时出现最大失重速率，主要是因为涤纶的化学键断裂，涤纶发生分解。与涤纶纱线相比，涤纶/碳化锆复合纱线的最大失重率以及失重温度都很接近，没有明显变化，说明碳化锆的添加对涤纶纱线热稳定性影响不大。

图4-8（b）（c）是同涤纶芯层不同涂层复合纱线TG和DTG曲线图。由图中可以看出，在经过800℃煅烧后，涤纶纱线残留率为2.3%，可能是涤纶纺丝成型过程中添加的无机催化剂等。5%聚乙烯醇缩丁醛/4%碳化锆涂层、5%聚酯/4%碳化锆涂层及5%聚氨酯/4%碳化锆涂层复合纱线的残留率分别为12.25%、4.68%和10.71%，其残留物质包含涤纶纱线催化剂、纳米碳化锆颗粒等。图4-8（e）（f）显示了碳化锆浓度对复合纱线TG和DTG的影响。由图中可以看出，添加0%、2%、4%、6%、8%纳米碳化锆颗粒的涤纶纱线残留率分别为9.34%、11.4%、12.25%、11.43%及10.86%。残留率随纳米碳化锆颗粒添加量的增加呈现出先上升后下降的趋势，这是因为当碳化锆添加量为4%时，吸附在涤纶纱

线上的纳米碳化锆颗粒相对较多，而碳化锆在高温条件下不易分解。图4-8（h）（m）显示了聚乙烯醇缩丁醛浓度对复合纱线TG和DTG的影响。由图中可以看出，添加0%、3%、5%、7%、9%聚乙烯醇缩丁醛的涤纶纱线残留率分别为9.74%、12.2%、12.25%、10.4%以及9.99%。残留率随聚乙烯醇缩丁醛添加量的增加呈现出先上升后下降的趋势，这与红外光热性能的变化趋势一致，说明当聚乙烯醇缩丁醛浓度为5%时，对涤纶纱线有更好的涂覆效果。

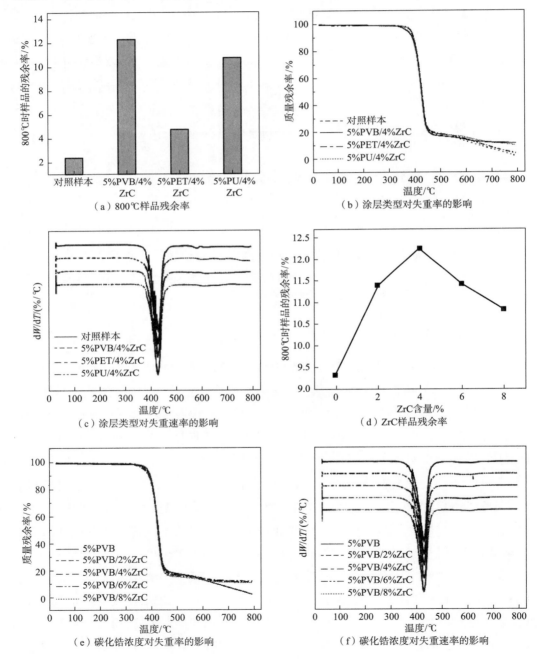

（a）800℃样品残余率

（b）涂层类型对失重率的影响

（c）涂层类型对失重速率的影响

（d）ZrC样品残余率

（e）碳化锆浓度对失重率的影响

（f）碳化锆浓度对失重速率的影响

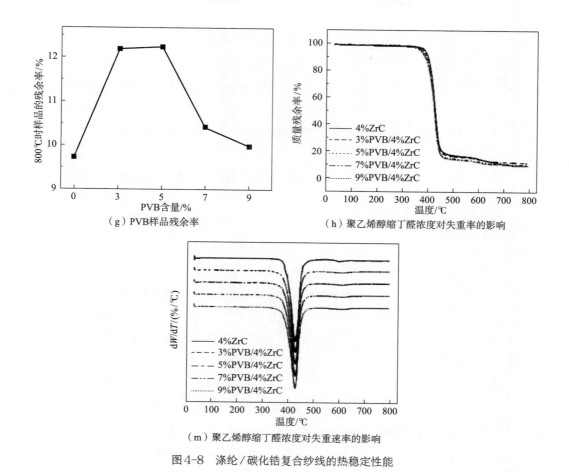

（g）PVB样品残余率

（h）聚乙烯醇缩丁醛浓度对失重率的影响

（m）聚乙烯醇缩丁醛浓度对失重速率的影响

图4-8　涤纶/碳化锆复合纱线的热稳定性能

七、涤纶/碳化锆复合纱线的力学性能

（一）测试方法

取涤纶纱线和涤纶/碳化锆复合纱线，通过使用万能电子拉伸试验机对纱线的断裂伸长率和断裂强度进行测试，其中拉伸速率为100mm/min，拉伸隔距为50mm，并取20根纱线的断裂强度和断裂伸长率的平均值作为每批纱线的断裂强度和断裂伸长率。

（二）力学性能分析

对涤纶纱线和涤纶/碳化锆复合纱线进行力学性能测试，测试结果如图4-9所示。

由图4-9可以看出，涤纶纱线的拉伸强度为0.39N/tex，断裂伸长率为51.41%。涤纶/碳化锆复合纱线的拉伸强度范围为0.36～0.38N/tex，断裂伸长率范围为44.54%～49.54%。与涤纶纱线相比，涤纶/碳化锆复合纱线的拉伸强度差异不明显，断裂伸长率有所下降，这与涂层中的黏合剂限制纱线中纤维的滑移有关。

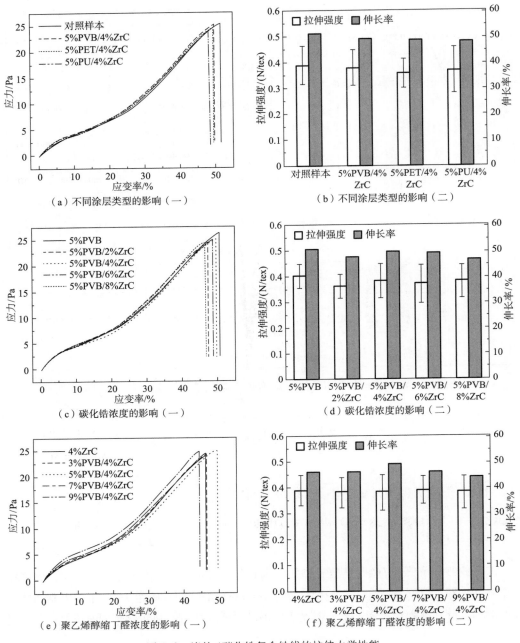

图4-9 涤纶/碳化锆复合纱线的拉伸力学性能

八、涤纶/碳化锆复合纱线的防紫外线性能

（一）测试方法

将涤纶纱线和涤纶/碳化锆复合纱线分别制备的织物，使用防紫外线透过率测试仪

（YG902C，东莞博莱德仪器设备有限公司）进行紫外线透过率测试。

（二）防紫外线性能分析

涤纶纱线和涤纶/碳化锆复合纱线的UPF值如表4-2所示。

根据GB/T 18830—2009，只有当样品的UPF值>40，并且T（UVA）AV<5%时，才能称为"防紫外线产品"，这两个条件缺一不可。当UPF值>50时，紫外线对人体的伤害可忽略不计。由表4-2可以看出，涤纶纱线UPF值为17.63，5%聚乙烯醇缩丁醛/4%碳化锆涂层及5%聚酯/4%碳化锆涂层复合纱线的UPF值均为50+，5%聚氨酯/4%碳化锆涂层复合纱线的UPF值为42.19。聚乙烯醇缩丁醛浓度一定，碳化锆添加量为0%的复合纱线的UPF值为33.19，碳化锆添加量为2%、4%、6%及8%的复合纱线的UPF值均为50+。碳化锆浓度一定，聚乙烯醇缩丁醛添加量为0%的复合纱线的UPF值为42.65，聚乙烯醇缩丁醛添加量为3%、5%、7%及9%的复合纱线的UPF值均为50+。这是因为纳米碳化锆颗粒具有较高的折射率，涂覆于涤纶纱线上，可增加涤纶纱线表面对紫外线的反射和散射。

表4-2　涤纶纱线和涤纶/碳化锆复合纱线UPF值

样品	UVA透射比/%	UVB透射比/%	防护系数UPF值
原样	7.47	5.58	17.63
5%PVB/4%ZrC	2.19	1.48	50+
5%PET/4%ZrC	2.36	1.89	50+
5%PU/4%ZrC	2.92	2.33	42.19
5%PVB	5.02	2.6	33.19
5%PVB/2%ZrC	2.25	1.67	50+
5%PVB/6%ZrC	2.18	1.55	50+
5%PVB/8%ZrC	1.82	1.81	50+
4%ZrC	3.1	2.47	42.65
3%PVB/4%ZrC	2.34	1.66	50+
7%PVB/4%ZrC	2.53	1.74	50+
9%PVB/4%ZrC	2.84	1.72	50+

九、涤纶/碳化锆复合纱线的耐洗涤性能

（一）测试方法

将涤纶/碳化锆复合纱线在常温条件下放置于装有水的烧杯中，并用磁力搅拌器在1500r/min条件下进行搅拌，然后在60℃条件下进行烘干，重复该步骤20次。

（二）耐洗涤性能分析

以5%聚乙烯醇缩丁醛/4%碳化锆涂层复合纱线为例，对该复合纱线进行耐洗涤性测试表征。

图4-10为涤纶/聚乙烯醇缩丁醛/碳化锆复合纱线所制织物的耐洗涤性—红外光热性能测试结果。当洗涤次数为20次时，纱线在红外灯下照射180s时，最高温度由原来的94.5℃降为83.7℃，保持率为88.6%。

图4-11为涤纶/聚乙烯醇缩丁醛/碳化锆复合纱线的耐洗涤性—UV-vis-NIR性能测试结果。该复合纱线经过20次洗涤后，红外光吸收率由原来的96.42%降为93.40%，仍具有较强的红外光吸收性能，表明该复合纱线耐洗涤性能较好。

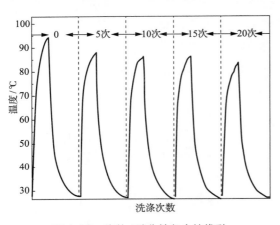

图4-10 涤纶/碳化锆复合纱线耐
洗涤性—红外光热性能

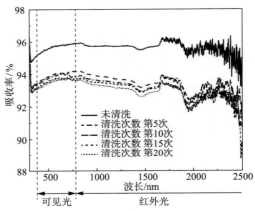

图4-11 涤纶/碳化锆复合纱线耐
洗涤性—UV-vis-NIR性能

涤纶/聚乙烯醇缩丁醛/碳化锆复合纱线的耐洗涤性—UPF值测试结果如表4-3所示。该复合纱线经过10次洗涤后，UPF值仍为50+。该复合纱线经过20次洗涤后，UPF值为42.31，仍具有防紫外线性能。

表4-3 涤纶/碳化锆复合纱线耐洗涤性—UPF值

样品洗涤次数	UVA透射比/%	UVB透射比/%	防护系数UPF值
0次	2.19	1.48	50+
5次	2.42	1.82	50+
10次	2.33	1.9	50+
15次	2.33	2.02	48.55
20次	3.2	2.49	42.31

十、涤纶/碳化锆复合纱线的日光光热性能

（一）测试方法

将涤纶纱线和涤纶/碳化锆复合纱线分别制备的织物放置在相同高度的黑体上，用红外摄像机（FLIR-E8，美国FLIR有限公司）记录织物在日光下的温度。时间为冬季天气晴朗的某天，从上午10点30分至下午2点，每隔30min测量一次，地点为室内，同时用温度计记录该时间段的室温。

（二）日光光热性能分析

测试由涤纶纱线和涤纶/碳化锆复合纱线分别制成的织物在日光下的光热性能，复合织物表面的温度变化如图4-12所示。

由图中可以看出，在太阳光照射下，与涤纶纱线所制织物相比，5%聚乙烯醇缩丁醛/4%碳化锆涂层复合纱线所制织物的表面温度提高了5.8℃。这表明聚乙烯醇缩丁醛/碳化锆涂层可以明显提高涤纶纱线的光热转换性能。这与前面以红外灯为模拟光源测试时的结果相一致。

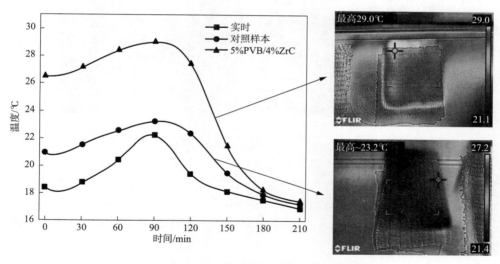

图4-12　涤纶/碳化锆复合纱线在日光下的光热性能图

十一、涤纶/碳化锆复合纱线的光热转换效率

（一）测试方法

使用氙灯光源模拟太阳光源，通过将水加热实验测试涤纶/碳化锆复合纱线的光热转换效率。自制实验装置如图4-13所示，将样品与无盖塑料盒紧密结合，该塑料盒的尺寸

为 4.5mm×3.5mm×20mm。在塑料盒侧面开一孔洞，将温度计插入其中并保证装置在注满水时不漏水，盒内约有30mL水。为降低水升温过程中的热量损失，将塑料盒嵌入泡沫中。测试时的环境温度为14.5℃，相对湿度为17%，初始水温为12℃左右。氙灯光源辐射强度为800W/m²，光照时间为60min，每隔2min记录一次水温，直到水温不再增加为止。涤纶/碳化锆复合纱线的光热转换效率η计算公式为式（4-1）：

$$\eta = \frac{C \times m \times \Delta T}{l \times S \times t} \tag{4-1}$$

其中，C为水的平均比热容，取值为4200J/（kg·K）；m为被加热的水的质量，取值为 30×10^{-3}kg；ΔT为水升高的温度，℃；l为光照强度，取值为800W/m²；S为样品受光照的面积，取值为 14×10^{-4}m²；t为加热时间，s。

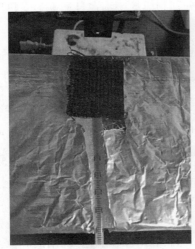

（a）简易光照加热装置　　　　　　　　　（b）样品光照加热实物图

图4-13　自制光热转换效率实验装置

（二）光热转换效率分析

涤纶纱线和涤纶/碳化锆复合纱线的平均热效率通过如图4-13所示的装置进行测试，测试结果如图4-14所示。

由图4-14（a）可以看出，涤纶纱线和涤纶/碳化锆复合纱线在前30min升温较快，在58min左右达到平衡，这主要是因为水温较低时，水的热辐射较弱，转换效率较高。与涤纶纱线相比，5%聚乙烯醇缩丁醛/4%碳化锆涂层复合纱线加热的水温高出6.2℃。由图4-14（b）可以看出，涤纶纱线在30min内平均热效率达到43.75%，58min内平均热效率达到32.33%。5%聚乙烯醇缩丁醛/4%碳化锆涂层复合纱线在30min内平均热效率达到71.88%，58min内平均热效率达到52.05%。结果表明，在涤纶纱线表面涂覆聚乙烯醇缩丁醛/碳化锆涂层可使纱线的光热转换效率得到进一步的提升。

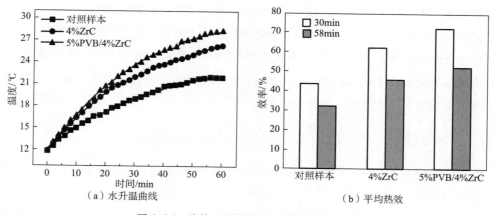

（a）水升温曲线 （b）平均热效

图4-14 涤纶/碳化锆复合纱线的光热效率

第三节 涤纶／聚乙烯醇缩丁醛／碳化锆／氧化铝复合纱线

一、涤纶/聚乙烯醇缩丁醛/碳化锆/氧化铝复合的制备

涤纶/聚乙烯醇缩丁醛/碳化锆/氧化铝复合的实验材料，见表4-4。

表4-4 涤纶/聚乙烯醇缩丁醛/碳化锆/氧化铝复合的实验材料

材料名称	规格	生产厂家
涤纶纱线	20S/2	永康市东进制线有限公司
碳化锆	50~300nm	湖南华炜精诚美星科技有限公司
聚乙烯醇缩丁醛	航空级	国药集团化学试剂有限公司
氧化铝	分析纯	国药集团化学试剂有限公司
无水乙醇	分析纯	国药集团化学试剂有限公司
去离子水	一级	实验室自制

为了进一步增强涤纶/聚乙烯醇缩丁醛/碳化锆复合纱线的红外光热性能，在该复合纱线的涂层中添加了具有远红外吸收性能的氧化铝。

（一）聚乙烯醇缩丁醛/碳化锆/氧化铝悬浮液的制备

称量8.61g、8.81g、9.01g、9.23g聚乙烯醇缩丁醛，分别加入155g无水乙醇中，用搅拌器搅拌2h，再依次加入6.89g、7.05g、7.21g、7.38g纳米碳化锆颗粒及1.72g、5.28g、9.03g、12.89g氧化铝并继续搅拌2h，而后转移到球磨机中球磨3h。随后将悬浮液移至烧杯，超声1h得到均匀分散的5%聚乙烯醇缩丁醛/4%碳化锆/1%氧化铝悬浮液、5%聚乙烯醇缩丁醛/4%碳化锆/3%氧化铝悬浮液、5%聚乙烯醇缩丁醛/4%碳化锆/5%氧化铝悬浮液，以及5%聚乙烯醇缩丁醛/4%碳化锆/7%氧化铝悬浮液。

（二）涤纶/聚乙烯醇缩丁醛/碳化锆/氧化铝复合纱线的制备

将聚乙烯醇缩丁醛/碳化锆/氧化铝悬浮液倒入浆纱机浆槽中，然后将涤纶纱线通过导纱装置引入聚乙烯醇缩丁醛/碳化锆/氧化铝悬浮液中，经过压辊、烘房得到涤纶/聚乙烯醇缩丁醛/碳化锆/氧化铝复合纱线。具体工艺参数为：浆槽温度为室温，烘房温度为30℃，浆纱速度为30mm/s。

（三）涤纶/聚乙烯醇缩丁醛/碳化锆/氧化铝复合织物的制备

为了便于测试，将上述得到的涤纶/聚乙烯醇缩丁醛/碳化锆/氧化铝复合纱线通过机织小样机织造得到涤纶/聚乙烯醇缩丁醛/碳化锆/氧化铝光热转换织物，具体织物参数为：平纹织物，经密240根/10cm，纬密178根/10cm。

涤纶/聚乙烯醇缩丁醛/碳化锆/氧化铝复合纱线及其织物的制备过程如图4-15所示。

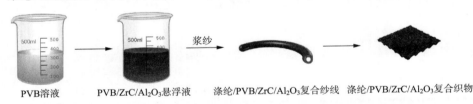

PVB溶液　　　　PVB/ZrC/Al$_2$O$_3$悬浮液　　涤纶/PVB/ZrC/Al$_2$O$_3$复合纱线　涤纶/PVB/ZrC/Al$_2$O$_3$复合织物

图4-15　涤纶/聚乙烯醇缩丁醛/碳化锆/氧化铝复合纱线及其织物的制备过程

二、氧化铝浓度对复合纱线的红外光热性能的影响

涤纶/聚乙烯醇缩丁醛/碳化锆/氧化铝复合纱线所制织物在红外照射下的表面温度随照射时间的变化（测试方法见本章第二节）如图4-16所示。

由图可以看出，经过红外灯照射180s后，氧化铝浓度为0、1%、3%、5%及7%的涤纶/聚乙烯醇缩丁醛/碳化锆/氧化铝复合纱线所制织物的温度分别为94.5℃、102℃、100.3℃、99℃及96.4℃。当氧化铝浓度为1%时，复合纱线所制织物的红外光热转换性能最好。在去除红外灯照射15s以内，1%氧化铝涂层复合纱线所制织物的温度降低到与3%氧化铝涂层复合纱线所制织物相似的温度。在270s之后，1%氧化铝涂层复合纱线所制织物的温度与未添加氧化铝的复合纱线所制织物的温度相似。

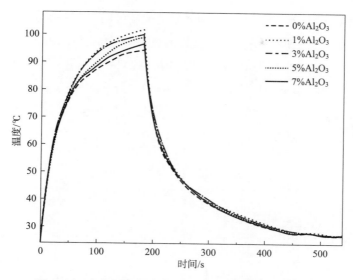

图4-16　氧化铝浓度对复合纱线的红外光热性能的影响

三、响应面法模型建立与分析

（一）响应面法实验的设计

根据响应面Box-Behnken设计原理，选取聚乙烯醇缩丁醛浓度（A）、碳化锆浓度（B）、氧化铝浓度（C）共3个对涤纶/聚乙烯醇缩丁醛/碳化锆/氧化铝复合纱线制备影响较显著的因子，以红外光热转换性能为响应值，通过三因素三水平响应面分析法，得到二次回归方程，并计算出聚乙烯醇缩丁醛、碳化锆、氧化铝的最佳浓度。实验设计如表4-5所示。

表4-5　响应面实验的因素与水平

因素	代码	水平		
		−1	0	1
聚乙烯醇缩丁醛浓度	A	4	5	6
碳化锆浓度	B	3	4	5
氧化铝浓度	C	0.5	1	1.5

（二）回归模型的建立与分析

根据Box-Behnken实验设计原理，在组合实验条件下进行了红外光热转换实验，并使用Design Expert 10.0软件对实验结果进行了分析，优化了实验条件，结果如表4-6所示。

红外光热转换温度（Y）和三个因子A、B和C的关系可用二次多项式表示，如式（4-2）所示。每个项目前的正号和负号分别表示变量的协同作用和拮抗作用。

$$Y=101.04+1.54 \times A+0.90 \times B+0.14 \times C-0.45 \times A \times B- \tag{4-2}$$
$$1.43 \times A \times C-0.60 \times B \times C-1.36 \times A^2+0.17 \times B^2-0.21 \times C^2$$

根据相关系数R^2评估模型，R^2越接近1，模型的预测值越接近测量值。该模型的R^2为0.8667，表明该模型预测值可以与实际值较好地吻合。

表4-6　响应面实验的设计与结果

实验号	A	B	C	红外光热转换温度 / ℃	
				试验值	预测值
1	1	0	−1	102.6	102.3
2	0	−1	1	100.2	100.84
3	0	0	0	101.3	101.04
4	0	0	0	101.6	101.04
5	−1	1	0	100.1	99.66
6	0	0	0	101	101.04
7	−1	−1	0	97.9	96.96
8	1	−1	0	100.5	100.94
9	0	1	1	101.3	101.44
10	0	0	0	100.1	101.04
11	−1	0	1	99.2	99.5
12	0	−1	−1	99.5	99.36
13	0	0	0	101.2	101.04
14	1	0	1	100.8	99.73
15	−1	0	−1	95.3	96.38
16	0	1	−1	103	102.36
17	1	1	0	100.9	101.84

（三）响应面法回归分析

由F值和P值来确定模型项的显著性，结果如表4-7所示。由表可以看出，模型的P值（0.0221）＜0.05，为极显著水平。失拟项0.0637＞0.05，为不显著水平，表明该模型在回归区域内拟合较好。F值越大，相对应的系数越显著，红外光热转换温度影响因素显著性顺序为聚乙烯醇缩丁醛浓度＞碳化锆浓度＞氧化铝浓度。对回归方程进行误差统计分析可得，该模型的 R^2 为 0.8667，R^2_{adj} 为 0.6952，表明 69.52% 响应值的变化可以被该模型所解释。精密度 7.936 > 4，合理。CV 为 0.98% < 10，表明实验可信度与精确度较高。回归分析结果表明，该回归方程的模型与实际实验具有较好的拟合性，可以对实验结果进行有效的预测，所以用该模型来预测红外光热转换的最佳制备条件是可行的。

表4-7　响应面回归分析结果

来源	平方和	自由度	均方	F值	P值	显著性
	44.03	9	4.89	5.06	0.0221	显著
A	18.91	1	18.91	19.54	0.0031	显著
B	6.48	1	6.48	6.7	0.0361	显著
C	0.15	1	0.15	0.16	0.7044	
AB	0.81	1	0.81	0.84	0.3907	
AC	8.12	1	8.12	8.39	0.0231	显著
BC	1.44	1	1.44	1.49	0.2620	
A^2	7.76	1	7.76	8.02	0.0254	
B^2	0.12	1	0.12	0.12	0.7371	
C^2	0.18	1	0.18	0.19	0.6782	
残差	6.77	7	0.97			
失拟	5.48	3	1.83	5.66	0.0637	不显著
误差	1.29	4	0.32			
总和	50.8	16				
$R^2=0.8667$			$R^2_{adj}=0.6952$			

（四）优化模型响应面分析

响应面的三维图像可以有效地表示涤纶/聚乙烯醇缩丁醛/碳化锆/氧化铝复合纱线红外光热转换性能与响应因子之间的相互作用。每个变量的响应值与实际值之间的关系如图4-17所示。该图反映了涤纶纱线整理过程中响应因子对红外光热转换性能的两两交互作用及各种因子的最优水平范围。最优水平范围是响应曲面顶点附近的区域。如果响应曲面坡度较陡，则意味着该响应因子对响应值的影响较显著。同时，等高线的形状反映了交互作用的大小。由 Design Expert 10.0 软件分析得出，涤纶/聚乙烯醇缩丁醛/碳化锆/氧化铝复合纱线红外光热性能最佳的制备条件：聚乙烯醇缩丁醛浓度为 5.92%，纳米碳化锆浓度为 5%，氧化铝浓度为 0.5%，红外光热转换温度预测值为 103.5℃。为了验证响应面法的可行性，采用分析获得的最佳制备条件，得到 5.9% 聚乙烯醇缩丁醛/5% 碳化锆/0.5% 氧化铝涂层复合纱线，并对该复合纱线进行红外光热性能测试，得到该复合纱线的红外光热转换实际温度为104℃，与预测值接近，验证了该模型的有效性，表明该回归方程可以反映各种因素对复合纱线红外光热性能的影响。

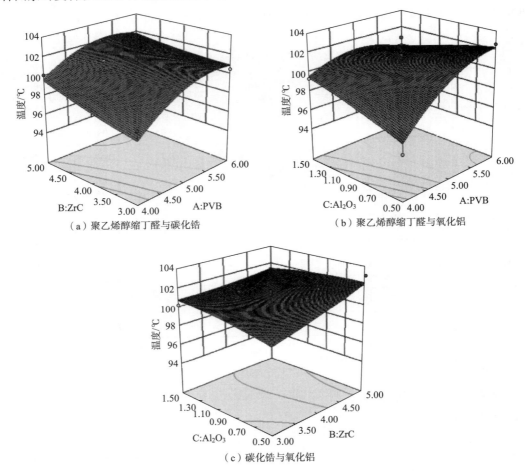

（a）聚乙烯醇缩丁醛与碳化锆

（b）聚乙烯醇缩丁醛与氧化铝

（c）碳化锆与氧化铝

图4-17　涤纶/聚乙烯醇缩丁醛/碳化锆/氧化铝复合纱线红外光热转换性能与
响应因子之间的相互关系

四、涤纶/聚乙烯醇缩丁醛/碳化锆/氧化铝复合纱线的红外光热性能

涤纶纱线、涤纶/聚乙烯醇缩丁醛/碳化锆复合纱线及涤纶/聚乙烯醇缩丁醛/碳化锆/氧化铝复合纱线在红外灯照射下的表面温度随照射时间的变化（测试方法见本章第二节）如图4-18所示。

图4-18（a）是涤纶纱线、涤纶/聚乙烯醇缩丁醛/碳化锆复合纱线及涤纶/聚乙烯醇

缩丁醛/碳化锆/氧化铝复合纱线的温度变化情况。由图中可以看出，经过红外灯照射180s后，5.9%聚乙烯醇缩丁醛/5%碳化锆/0.5%氧化铝涂层复合纱线的红外光热转换实际温度为104℃。涤纶纱线和涤纶/聚乙烯醇缩丁醛/碳化锆复合纱线的红外光热转换温度为45.9℃和94.5℃。这是因为碳化锆具有较好的可见—近红外光吸收性能，而氧化铝在远红外光方面具有良好的吸收性能。在去除红外灯照射45s以内，5.9%聚乙烯醇缩丁醛/5%碳化锆/0.5%氧化铝涂层复合纱线的温度可以降低到与5%聚乙烯醇缩丁醛/4%碳化锆涂层

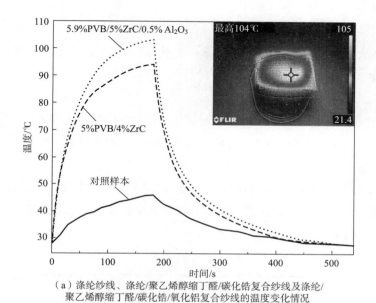

（a）涤纶纱线、涤纶/聚乙烯醇缩丁醛/碳化锆复合纱线及涤纶/聚乙烯醇缩丁醛/碳化锆/氧化铝复合纱线的温度变化情况

（b）涤纶/聚乙烯醇缩丁醛/碳化锆/氧化铝复合纱线的耐久性情况

图4-18　涤纶纱线、涤纶/聚乙烯醇缩丁醛/碳化锆复合纱线及涤纶/聚乙醇缩丁醛/碳化锆/氧化铝复合纱线在红外灯照射下的表面温度随照射时间的变化

复合纱线相似的温度。在300s之后，5.9%聚乙烯醇缩丁醛/5%碳化锆/0.5%氧化铝涂层复合纱线的温度与涤纶纱线的温度相似，这表明含有聚乙烯醇缩丁醛/碳化锆/氧化铝涂层的复合纱线能够在短时间内释放相对较多的热量。

图4-18（b）是涤纶/聚乙烯醇缩丁醛/碳化锆/氧化铝复合纱线的耐久性情况。纱线在重复红外灯照射与去除红外灯的过程20次之后，再被红外灯照射180s时，温度由原来的104℃降为101.5℃，仅有2.5℃的下降，这表明涤纶/聚乙烯醇缩丁醛/碳化锆/氧化铝复合纱线具有出色的耐久性和循环稳定性。

五、涤纶/聚乙烯醇缩丁醛/碳化锆/氧化铝复合纱线的UV-vis-NIR性能

对涤纶纱线、涤纶/聚乙烯醇缩丁醛/碳化锆复合纱线及涤纶/聚乙烯醇缩丁醛/碳化锆/氧化铝复合纱线进行紫外—可见—近红外光谱表征，测试结果如图4-19所示（测试方法见本章第二节）。

由图可以看出，5.9%聚乙烯醇缩丁醛/5%碳化锆/0.5%氧化铝涂层复合纱线的近红外光吸收率最高，为96.71%。涤纶纱线的近红外光吸收率最低，为21.74%。该测试结果与光热性能测试结果一致。

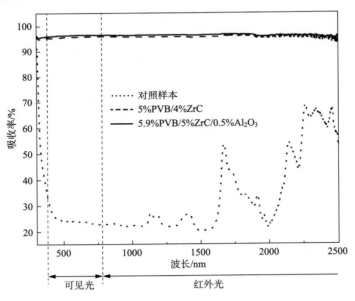

图4-19　涤纶纱线、涤纶/聚乙烯醇缩丁醛/碳化锆复合纱线及涤纶/聚乙烯醇缩丁醛/碳化锆/氧化铝复合纱线的UV-vis-NIR性能

六、涤纶／聚乙烯醇缩丁醛／碳化锆／氧化铝复合纱线的形态结构

对涤纶纱线、涤纶／聚乙烯醇缩丁醛／碳化锆／氧化铝复合纱线进行扫描电子显微镜
（SEM）、X射线能谱（EDS）以及扫面电镜的Mapping测试，测试结果如图4-20所示（测试方法见本章第二节）。

图4-20（a）（b）为涤纶纱线分别放大2000倍、8000倍的表面形态图，表明涤纶纱线表面洁净、光滑。图4-20（c）为涤纶纱线的X射线能谱（EDS）图，检测出其主要含有C、O元素，而C、O元素为涤纶的主要化学元素。图4-20（d）（e）为5.9%聚乙烯醇缩丁醛／5%碳化锆／0.5%氧化铝涂层复合纱线分别放大2000倍、8000倍的表面形态图，表明经过聚乙烯醇缩丁醛／纳米碳化锆／氧化铝涂覆之后，纱线表面均匀包覆一层胶状物，上面附着大量颗粒状物质。通过图4-20（f）X射线能谱（EDS）图可以看出，与涤纶纱线相比，5.9%聚乙烯醇缩丁醛／5%碳化锆／0.5%氧化铝涂层复合纱线可以检测到锆元素以及铝元素，经推测该颗粒物质为碳化锆以及氧化铝。图4-20（g）（h）X射线能谱（Mapping）图进一步证明碳化锆及氧化铝成功涂覆于涤纶纱线表面。

（a）涤纶纱线在纵向的SEM图(一)

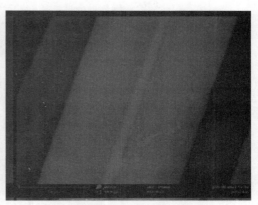

（b）涤纶纱线在纵向的SEM图(二)

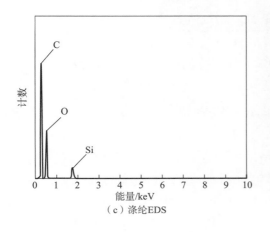

（c）涤纶EDS

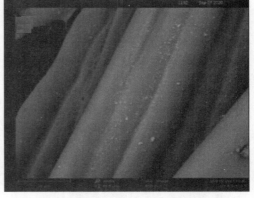

（d）涤纶/聚乙烯醇缩丁醛/碳化锆/氧化铝复合纱线在纵向的SEM图(一)

图4-20

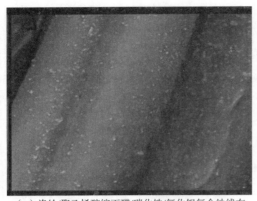

（e）涤纶/聚乙烯醇缩丁醛/碳化锆/氧化铝复合纱线在
纵向的SEM图(二)

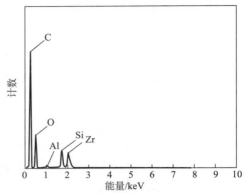

（f）涤纶/聚乙烯醇缩丁醛/碳化锆/氧化铝复合纱线
的EDS光谱

（g）Mapping能谱(一)

（h）Mapping能谱(二)

图4-20　涤纶纱线、涤纶/聚乙烯醇缩丁醛/碳化锆/氧化铝复合纱线的形态结构

七、涤纶/聚乙烯醇缩丁醛/碳化锆/氧化铝复合纱线的热稳定性能

涤纶纱线、涤纶/聚乙烯醇缩丁醛/碳化锆复合纱线及涤纶/聚乙烯醇缩丁醛/碳化锆/氧化铝复合纱线的热失重（TG）曲线如图4-21所示（测试方法见本章第二节）。

由图可以看出，涤纶纱线的主要失重温度范围在353～479℃，在432℃时出现最大的失重速率，主要是因为涤纶纱线中的化学键断裂，涤纶发生分解。与涤纶纱线相比，5%

聚乙烯醇缩丁醛/4%碳化锆涂层复合纱线的最大失重率及失重温度都很接近，没有明显变化，说明碳化锆的添加对涤纶纱线热稳定性影响不大。与涤纶纱线相比，5.9%聚乙烯醇缩丁醛/5%碳化锆/0.5%氧化铝涂层复合纱线的起始温度有所降低，这可能是因为氧化铝的存在加剧了涤纶纱线的热分解。在经过800℃煅烧后，涤纶纱线残留率为2.3%，5%聚乙烯醇缩丁醛/4%碳化锆涂层复合纱线的残留率为12.25%，5.9%聚乙烯醇缩丁醛/5%碳化锆/0.5%氧化铝涂层复合纱线的残留率为18.03%，明显比没有添加氧化铝的复合纱线高，其残留物质除了包含涤纶纱线催化剂和纳米碳化锆颗粒外，应该还有氧化铝颗粒等。

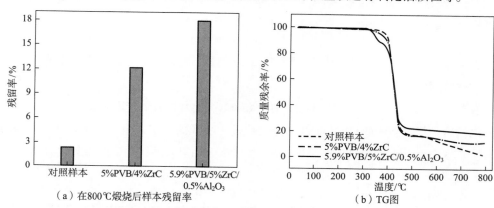

图4-21　涤纶纱线、涤纶/聚乙烯醇缩丁醛/碳化锆复合纱线及涤纶/聚乙烯醇缩丁醛/
碳化锆/氧化铝复合纱线的残留率与TG图

八、涤纶/聚乙烯醇缩丁醛/碳化锆/氧化铝复合纱线的力学性能

对涤纶纱线、涤纶/聚乙烯醇缩丁醛/碳化锆复合纱线及涤纶/聚乙烯醇缩丁醛/碳化锆/氧化铝复合纱线进行机械性能测试，测试结果如图4-22所示（测试方法见本章第二节）。

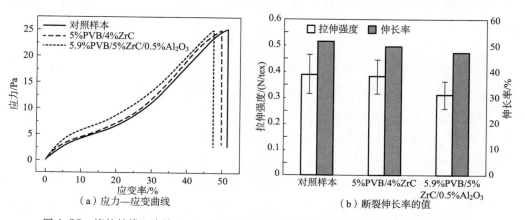

图4-22　涤纶纱线、涤纶/聚乙烯醇缩丁醛/碳化锆复合纱线及涤纶/聚乙烯醇缩丁醛/
碳化锆/氧化铝复合纱线拉伸力学性能

5%聚乙烯醇缩丁醛/4%碳化锆涂层复合纱线的拉伸强度为0.38N/tex，断裂伸长率为49.54%。5.9%聚乙烯醇缩丁醛/5%碳化锆/0.5%氧化铝涂层复合纱线的拉伸强度为0.31N/tex，断裂伸长率为47.27%。与涤纶纱线相比，涤纶/聚乙烯醇缩丁醛/碳化锆/氧化铝复合纱线的拉伸强度差异不明显，断裂伸长率有所下降，这可能与涂层中的黏合剂限制了纱线中纤维的滑移有关。

九、涤纶/聚乙烯醇缩丁醛/碳化锆/氧化铝复合纱线的防紫外线性能

涤纶纱线及涤纶/聚乙烯醇缩丁醛/碳化锆/氧化铝复合纱线的UPF值如表4-8所示（测试方法见本章第二节）。

由表4-8可以看出，涤纶纱线UPF值为17.63，复合纱线的UPF值均为50+。涂层中添加氧化铝后，复合纱线的UVA和VUB透射比进一步降低。这是因为氧化铝具有较高的折射率，涂覆于涤纶纱线上，可进一步增加涤纶纱线表面对紫外线的反射和散射。

表4-8　涤纶纱线及涤纶/聚乙烯醇缩丁醛/碳化锆/氧化铝复合纱线UPF值

样品	UVA透射比/%	UVB透射比/%	防护系数UPF值
原样	7.47	5.58	17.63
5%PVB/4%ZrC	2.19	1.48	50+
5.9%PVB/5%ZrC/0.5%Al$_2$O$_3$	1.97	1.37	50+

十、涤纶/聚乙烯醇缩丁醛/碳化锆/氧化铝复合纱线的日光光热性能

测试用涤纶纱线、涤纶/聚乙烯醇缩丁醛/碳化锆复合纱线及涤纶/聚乙烯醇缩丁醛/碳化锆/氧化铝复合纱线分别制备的织物在日光下的光热性能，复合织物表面的温度变化如图4-23所示（测试方法见本章第二节）。

由图可以看出，与涤纶纱线所制织物相比，用5%聚乙烯醇缩丁醛/4%碳化锆涂层及5.9%聚乙烯醇缩丁醛/5%碳化锆/0.5%氧化铝涂层复合纱线分别制成的织物的表面温度提高了5.8℃、7.8℃。这与前面以红外灯为模拟光源测试时的结果一致。聚乙烯醇缩丁醛/碳化锆/氧化铝涂层在聚乙烯醇缩丁醛/碳化锆涂层基础上进一步提高了复合织物的表面温度。这是因为纳米碳化锆具有较好的可见—近红外光吸收性能，而氧化铝对远红外光具有良好的吸收性能。

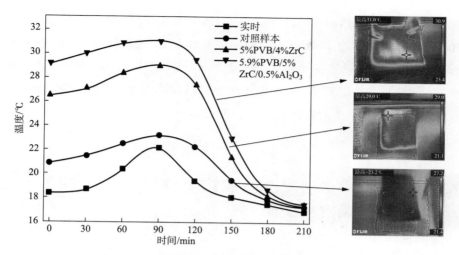

图4-23　涤纶纱线、涤纶／聚乙烯醇缩丁醛／碳化锆复合纱线及涤纶／
聚乙烯醇缩丁醛／碳化锆／氧化铝复合纱线在日光下的光热性能

十一、涤纶／聚乙烯醇缩丁醛／碳化锆／氧化铝复合纱线的光热转换效率

涤纶纱线、涤纶／聚乙烯醇缩丁醛／碳化锆复合纱线及涤纶／聚乙烯醇缩丁醛／碳化锆／氧化铝复合纱线的光热效率测试结果如图4-24所示（测试方法见本章第二节）。

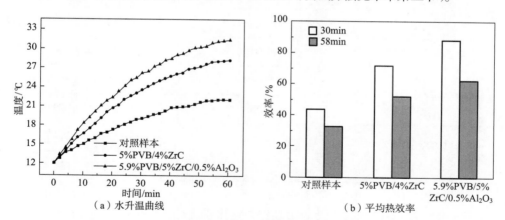

图4-24　涤纶纱线、涤纶／聚乙烯醇缩丁醛／碳化锆复合纱线及涤纶／
聚乙烯醇缩丁醛／碳化锆／氧化铝复合纱线的光热效率

由图4-24（a）可以看出，涤纶纱线、涤纶／聚乙烯醇缩丁醛／碳化锆复合纱线及涤纶／聚乙烯醇缩丁醛／碳化锆／氧化铝复合纱线在前30min升温较快，在58min左右达到平衡，这主要是因为水温较低时，水的热辐射较弱，转换效率较高。与涤纶纱线相比，5%聚乙烯醇缩丁醛／4%碳化锆涂层复合纱线加热的水温高出6.2℃，5.9%聚乙烯醇缩丁醛／5%碳

化锆/0.5%氧化铝涂层复合纱线加热的水温高出9.4℃。由图4-24（b）可以看出，涤纶纱线在30min内平均热效率达到43.75%，58min内平均热效率达到32.33%。5%聚乙烯醇缩丁醛/4%碳化锆涂层复合纱线在30min内平均热效率达到71.88%，58min内平均热效率达到52.05%。5.9%聚乙烯醇缩丁醛/5%碳化锆/0.5%氧化铝涂层复合纱线在30min内平均热效率达到81.33%，58min内平均热效率达到62.39%。

第四节 涤纶／聚乙烯醇缩丁醛／碳化锆／氧化铝／石蜡复合纱线

一、涤纶/聚乙烯醇缩丁醛/碳化锆/氧化铝/石蜡复合纱线的制备

涤纶/聚乙烯醇缩丁醛/碳化锆/氧化铝/石蜡复合纱线的实验材料，见表4-9。

表4-9　涤纶／聚乙烯醇缩丁醛／碳化锆／氧化铝／石蜡复合纱线的实验材料

材料名称	规格	生产厂家
涤纶纱线	20S/2	永康市东进制线有限公司
碳化锆	50～300nm	湖南华炜精诚美星科技有限公司
聚乙烯醇缩丁醛	航空级	国药集团化学试剂有限公司
氧化铝	分析纯	国药集团化学试剂有限公司
石蜡	半精炼	中国石化集团
无水乙醇	分析纯	国药集团化学试剂有限公司
去离子水	一级	实验室自制

光热转换纱线只具有单向温度调节功能，在此基础上加入相变材料，可使纱线不仅具有双向温度调节功能，还可以进行热量的存储。本章采用两步涂覆法，在涤纶纱线表面涂覆不同涂层，制备具有光热转换和蓄热调温性能的多功能纱线，并对该纱线的结构和性能进行表征。

（一）聚乙烯醇缩丁醛/碳化锆/氧化铝悬浮液和聚乙烯醇缩丁醛溶液的制备

称量6.65g聚乙烯醇缩丁醛加入100g无水乙醇中，用搅拌器搅拌2h，再加入5.64g纳

米碳化锆颗粒及0.56g氧化铝继续搅拌2h后，转移到球磨机中球磨3h。随后将悬浮液移至烧杯，超声1h得到均匀分散的5.9%聚乙烯醇缩丁醛/5%纳米碳化锆/0.5%氧化铝悬浮液。

称量6.27g聚乙烯醇缩丁醛加入100g无水乙醇中，用搅拌器搅拌2h，再超声1h得到均匀分散的5.9%聚乙烯醇缩丁醛溶液。

（二）熔融态相变材料的制备

将装有石蜡的烧杯放入80℃的水浴磁力搅拌器中搅拌1h，待石蜡完全融化后，备用。

（三）复合纱线的制备

将熔融态石蜡及聚乙烯醇缩丁醛/碳化锆/氧化铝悬浮液或聚乙烯醇缩丁醛溶液分别倒入浆纱机的两个浆槽中，然后将涤纶纱线或涤纶/聚乙烯醇缩丁醛/碳化锆/氧化铝复合纱线先通过导纱装置引入装有熔融态石蜡的浆槽，再经过装有聚乙烯醇缩丁醛/碳化锆/氧化铝悬浮液或聚乙烯醇缩丁醛溶液的浆槽，经过压辊、烘房得到涤纶/聚乙烯醇缩丁醛/碳化锆/氧化铝/石蜡复合纱线。具体工艺流程图如图4-25所示。装有熔融态石蜡的浆槽温度为80℃，装有聚乙烯醇缩丁醛/碳化锆/氧化铝悬浮液或聚乙烯醇缩丁醛溶液的浆槽温度为室温，烘房温度为30℃，浆纱速度为30mm/s。

（四）涤纶/聚乙烯醇缩丁醛/碳化锆/氧化铝/石蜡复合织物的制备

为了便于测试，将上述得到的涤纶/聚乙烯醇缩丁醛/碳化锆/氧化铝/石蜡复合纱线通过机织小样机织造得到涤纶/聚乙烯醇缩丁醛/碳化锆/氧化铝/石蜡复合织物，具体织物参数为：平纹织物，经密240根/10cm，纬密178根/10cm。

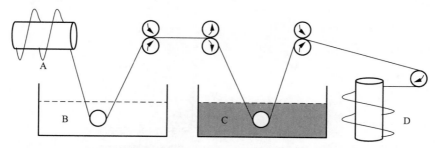

图4-25　涤纶/聚乙烯醇缩丁醛/碳化锆/氧化铝/石蜡复合纱线的工艺流程图

A为涤纶纱线；B为熔融态石蜡；C为聚乙烯醇缩丁醛/碳化锆/氧化铝悬浮液或聚乙烯醇缩丁醛溶液；D为涤纶/聚乙烯醇缩丁醛/碳化锆/氧化铝/石蜡复合纱线或涤纶/石蜡复合纱线

二、涤纶/聚乙烯醇缩丁醛/碳化锆/氧化铝/石蜡复合纱线的蓄热性能

各种复合纱线的编号如表4-10所示。

表4-10　不同芯层中间层及表层复合纱线的试样编号

试样编号	A	B	C	D
芯纱	涤纶纱线	涤纶纱线	涤纶/聚乙烯醇缩丁醛/碳化锆/氧化铝复合纱线	涤纶/聚乙烯醇缩丁醛/碳化锆/氧化铝复合纱线
中间层	石蜡	石蜡	石蜡	石蜡
表层	聚乙烯醇缩丁醛/碳化锆/氧化铝涂层	聚乙烯醇缩丁醛涂层	聚乙烯醇缩丁醛/碳化锆/氧化铝涂层	聚乙烯醇缩丁醛涂层

（一）测试方法

将涤纶纱线和涤纶/聚乙烯醇缩丁醛/碳化锆/氧化铝/石蜡复合纱线剪成粉末，通过使用差示扫描量热分析仪（DSC25，美国TA仪器有限公司）对复合纱线的热焓及相变行为进行测试，其中温度由0℃以5℃/min的升温速率升温到100℃，再以10℃/min的速率降到0℃，气氛为N_2保护。

（二）蓄热性能分析

对纯石蜡和涤纶/聚乙烯醇缩丁醛/碳化锆/氧化铝/石蜡复合纱线进行蓄热性能测试，测试结果如图4-26及表4-11所示。

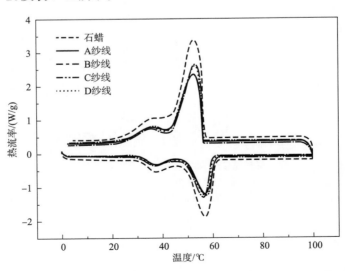

图4-26　纯石蜡及涤纶/聚乙烯醇缩丁醛/碳化锆/氧化铝/石蜡复合纱线的DSC图

表4-11 纯石蜡及涤纶/聚乙烯醇缩丁醛/碳化锆/氧化铝/石蜡复合纱线的热物性

样品	$T_m/℃$	$\Delta H_m/(J/g)$	熔融热熔效率/%	$T_f/℃$	$\Delta H_f/(J/g)$	结晶热熔效率/%
石蜡	56.86	200.34	100	52.60	200.65	100
A复合纱线	56.59	148.80	74.27	52.08	144.78	72.16
B复合纱线	56.26	143.27	71.51	52.27	142.10	70.82
C复合纱线	56.21	156.74	78.24	53.10	152.46	75.98
D复合纱线	55.74	154.21	76.97	52.68	151.22	75.37
C复合纱线加热—冷却20次	56.40	153.48	76.61	52.98	146.97	73.25

图4-26为纯石蜡、涤纶/聚乙烯醇缩丁醛/碳化锆/氧化铝/石蜡复合纱线的DSC图。上部曲线为降温曲线（放热），下部曲线为升温曲线（吸热）。由图中可以看出，纯石蜡的熔融温度和凝固温度分别为56.86℃和52.60℃，涤纶/聚乙烯醇缩丁醛/碳化锆/氧化铝/石蜡复合纱线的熔融温度范围和凝固温度范围分别为55.74~66.59℃和52.08~53.10℃，这表明涤纶纱线、聚乙烯醇缩丁醛、碳化锆和氧化铝的加入对纯石蜡的相变温度影响较小。

表4-11为纯石蜡及涤纶/聚乙烯醇缩丁醛/碳化锆/氧化铝/石蜡复合纱线的热物性。由表可以看出，纯石蜡的熔融热熔为200.34J/g，纯石蜡及涤纶/聚乙烯醇缩丁醛/碳化锆/氧化铝/石蜡复合纱线的熔融热熔均比纯石蜡低，这主要是因为涤纶纱线、聚乙烯醇缩丁醛、碳化锆和氧化铝只作为支撑材料，在加热—冷却过程中并不发生相变。A、B、C、D复合纱线的熔融热熔分别为148.80J/g、143.27J/g、156.74J/g、154.21J/g，熔融热熔效率分别为74.27%、71.51%、78.24%、76.97%。这表明涤纶/聚乙烯醇缩丁醛/碳化锆/氧化铝/石蜡复合纱线的相变物质含量较高，具有较高的相变潜热，可以应用于太阳能蓄热、常温相变材料储能等领域。

为了测量涤纶/聚乙烯醇缩丁醛/碳化锆/氧化铝/石蜡复合纱线的蓄热性能可逆性，对其进行了20次的加热—冷却循环测试，结果如图4-27所示。C复合纱线的熔融温度和凝固温度分别为56.21℃和53.10℃，熔融热熔为156.74J/g。进行了20次加热—冷却循环测试后的C复合纱线的熔融温度和凝固温度分别为56.40℃和52.98℃，熔融热熔为153.48J/g。相比初始状态熔融热熔仅降低了3.26J/g，这在加热—冷却过程中是合理的。这表明涤纶/聚乙烯醇缩丁醛/碳化锆/氧化铝/石蜡复合纱线具有较好的循环稳定性及较长的使用寿命。

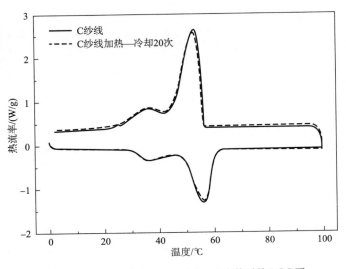

图4-27　C复合纱线加热—冷却20次前后的DSC图

三、涤纶／聚乙烯醇缩丁醛／碳化锆／氧化铝／石蜡复合纱线的热稳定性能

对纯石蜡和涤纶／聚乙烯醇缩丁醛／碳化锆／氧化铝／石蜡复合纱线进行热稳定性能测试，测试结果如图4-28所示（测试方法见本章第二节）。

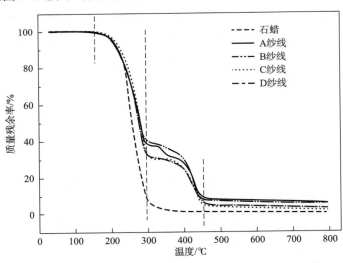

图4-28　纯石蜡及涤纶／聚乙烯醇缩丁醛／碳化锆／氧化铝／石蜡复合纱线的TG图

由图4-28可以看出，纯石蜡表现为一步式降解，从157℃开始到449℃结束，最大失重率温度在258℃。涤纶／聚乙烯醇缩丁醛／碳化锆／氧化铝／石蜡复合纱线有两个明显的降解阶段，第一个阶段主要为石蜡的降解，第二个阶段主要为涤纶纱线和聚乙烯醇缩丁醛的

降解。A、B、C、D复合纱线第一个阶段的温度范围为157~297℃，失重分别为62.06%、60.55%、69.42%及68.05%，并且复合纱线的失重温度相对于纯石蜡有明显的提高。A、B、C、D复合纱线第二个阶段的温度范围为297~454℃，失重分别为28.93%、31.66%、25.88%及26.62%。A、B、C、D复合纱线的残余率分别为5.57%、5.7%、1.7%及2.7%。

四、涤纶/聚乙烯醇缩丁醛/碳化锆/氧化铝/石蜡复合纱线的导热性能

（一）测试方法

使用保温材料导热率测试仪对纯石蜡和涤纶/碳化锆/氧化铝/石蜡光热转换蓄热调温纱线的导热系数进行测试。

（二）导热性能分析

对纯石蜡和涤纶/聚乙烯醇缩丁醛/碳化锆/氧化铝/石蜡复合纱线进行导热性能测试，为了避免单一性，每个样品测试5次，计算平均值作为该样品的导热系数，测试结果如图4-29所示。

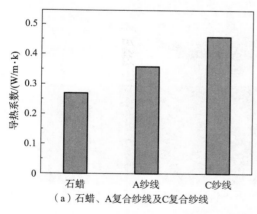
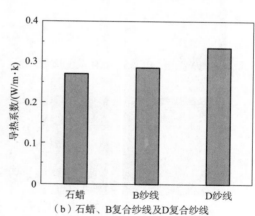

（a）石蜡、A复合纱线及C复合纱线　　　　（b）石蜡、B复合纱线及D复合纱线

图4-29　纯石蜡及涤纶/聚乙烯醇缩丁醛/碳化锆/氧化铝/石蜡复合纱线的导热系数

在实际应用中，有机相变材料的低导热系数严重限制了其吸收和释放速率，向其复合物中添加高导热系数的物质（如单壁碳纳米管、石墨烯）来提高其导热系数是一种比较有效的方法。由图可以看出，涤纶/聚乙烯醇缩丁醛/碳化锆/氧化铝/石蜡复合纱线的导热系数与纯石蜡相比均有所提高。纯石蜡的导热系数为0.27W/(m·K)，A、C复合纱线的导热系数呈逐渐增加的趋势，分别为0.358W/(m·K)、0.459W/(m·K)，与纯石蜡相比分别提高了32.6%、70%。这是因为A、C复合纱线在相同芯层及中间层条件下，C复合纱线的表层含有碳化锆、氧化铝高导热系数物质。B、D复合纱线的导热系数也呈逐渐增加的趋势，

分别为0.284W/(m·K)、0.337W/(m·K)，与纯石蜡相比分别提高了5.2%、24.8%。这是因为B、D复合纱线在相同中间层及表层条件下，D复合纱线的芯层含有碳化锆、氧化铝高导热系数物质。

五、涤纶/聚乙烯醇缩丁醛/碳化锆/氧化铝/石蜡复合纱线的形稳性性能分析

对纯石蜡和涤纶/聚乙烯醇缩丁醛/碳化锆/氧化铝/石蜡复合纱线进行形稳性性能测试，测试结果如图4-30所示。

由图可以看出，石蜡在室温下是晶体状态，在80℃时逐渐转变为液体。C复合纱线在加热过程中，液态石蜡被固定和吸附在聚乙烯醇缩丁醛/碳化锆/氧化铝表层和纱线骨架之中，能够有效避免熔融过程中的泄漏。即使外界温度大于石蜡的熔点，C复合纱线仍可以保持干燥状态，没有融化和泄漏现象。这表明涤纶/聚乙烯醇缩丁醛/碳化锆/氧化铝/石蜡复合纱线具有较优异的形态稳定性及较长的使用寿命。

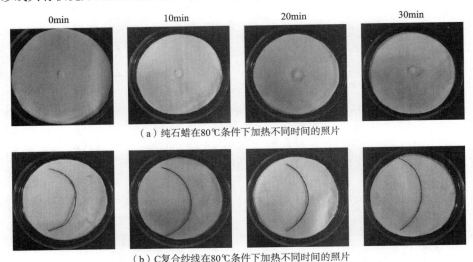

（a）纯石蜡在80℃条件下加热不同时间的照片

（b）C复合纱线在80℃条件下加热不同时间的照片

图4-30　纯石蜡、C复合纱线在80℃条件下加热不同时间的照片

六、涤纶/聚乙烯醇缩丁醛/碳化锆/氧化铝/石蜡复合纱线的表面形态及元素分析

对涤纶纱线和涤纶/聚乙烯醇缩丁醛/碳化锆/氧化铝/石蜡复合纱线进行扫描电子显微镜（SEM）和X—射线能谱（EDS）测试，测试结果如图4-31所示（测试方法见本章第二节）。

图4-31（a）（b）为C复合纱线放大500倍、2000倍的横截面形态图，可以明显看出涤纶/聚乙烯醇缩丁醛/碳化锆/氧化铝/石蜡复合纱线为皮芯结构，芯层为涤纶纱线，中间层为石蜡，表层为聚乙烯醇缩丁醛/碳化锆/氧化铝涂层。图4-31（c）为C复合纱线放大1000倍的表面形态图，可以看出该纱线表面光滑且涂层均匀致密。图4-31（d）为涤纶纱线的X射线能谱（EDS）图，检测出其主要含有C、O元素，而C、O元素为涤纶纱线的主要化学元素。通过图4-31（e）可以看出，与涤纶纱线相比，C复合纱线可以检测到锆元素以及铝元素，表明碳化锆及氧化铝成功涂覆于涤纶纱线表面。图4-31（f）为涤纶纱线的实物图，图4-31（g）为C复合纱线的实物图，表明白色涤纶纱线由于聚乙烯醇缩丁醛/碳化锆/氧化铝涂层的涂覆而变为黑色且表面光滑，涂层涂覆效果较好，无脱落和结块等现象。

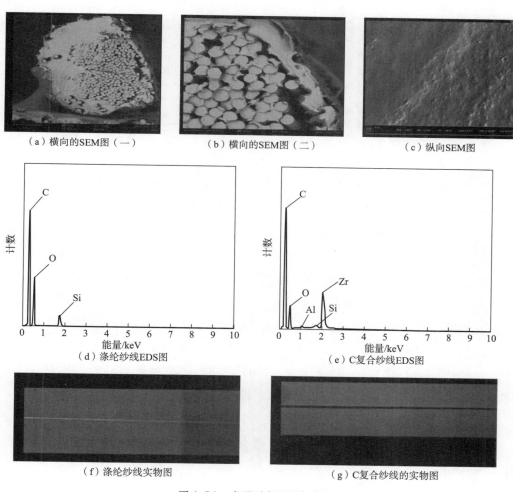

（a）横向的SEM图（一）　　　（b）横向的SEM图（二）　　　（c）纵向SEM图

（d）涤纶纱线EDS图　　　　　（e）C复合纱线EDS图

（f）涤纶纱线实物图　　　　　（g）C复合纱线的实物图

图4-31　表面形态及元素分析

七、涤纶/聚乙烯醇缩丁醛/碳化锆/氧化铝/石蜡复合纱线的物相分析

对涤纶纱线、涤纶/聚乙烯醇缩丁醛/碳化锆复合纱线及涤纶/聚乙烯醇缩丁醛/碳化锆/氧化铝/石蜡复合纱线进行X射线衍射（XRD）测试，测试结果如图4-32所示（测试方法见本章第二节）。

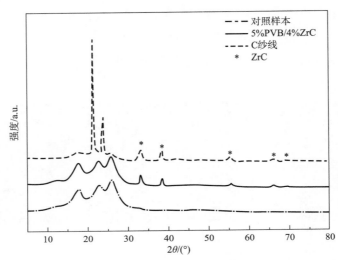

图4-32　涤纶纱线、涤纶/聚乙烯醇缩丁醛/碳化锆复合纱线及涤纶/聚乙烯醇缩丁醛/碳化锆/氧化铝/石蜡复合纱线的XRD图

由图可以看出，涤纶纱线在衍射角为17.80°、22.68°、26.02°处的三个衍射峰分别对应于聚酯的（010）、（110）、（100）特征衍射晶面。涤纶/聚乙烯醇缩丁醛/碳化锆/氧化铝复合纱线在衍射角为33.26°、38.46°、55.40°、66.17°及65.90°处的衍射峰分别对应于立方相碳化锆的（111）、（200）、（220）、（311）和（222）晶面。在涤纶/聚乙烯醇缩丁醛/碳化锆/氧化铝/石蜡复合纱线XRD图中，除了在与涤纶/聚乙烯醇缩丁醛/碳化锆复合纱线对应位置的曲线上出现相同的碳化锆衍射峰外，在衍射角为21.50°和23.90°处出现了2个尖锐的衍射峰，分别对应石蜡的（110）晶面和（2000）晶面。氧化铝在XRD谱图中没有特征衍射峰出现，这可能是因为其含量较少不易检测到。

八、涤纶/聚乙烯醇缩丁醛/碳化锆/氧化铝/石蜡复合纱线的红外光热性能

涤纶/聚乙烯醇缩丁醛/碳化锆/氧化铝/石蜡复合纱线所制织物在红外照射下的表面温度随照射时间的变化如图4-33所示（测试方法见本章第二节）。

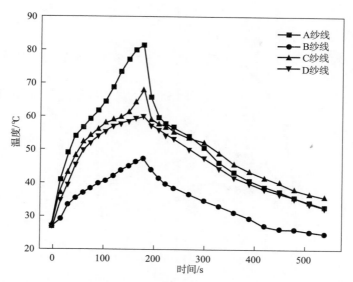

图4-33　涤纶／聚乙烯醇缩丁醛／碳化锆／氧化铝／石蜡复合纱线的红外光热性能图

由图可以看出，在红外灯照射下，复合纱线所制织物的表面温度迅速升高，添加有碳化锆／氧化铝的 A、C、D 复合纱线所制织物的表面温度升高速率比未添加纳米碳化锆／氧化铝的 B 复合纱线所制织物有很大的提高，这表明碳化锆／氧化铝的添加可以使织物在光照条件下显著提高其表面温度。C、D 复合纱线所制织物相比较，在相同时间内，C 复合纱线所制织物的升温速率比 D 复合纱线所制织物的快，这是因为 C 复合纱线所制织物的表层为聚乙烯醇缩丁醛／碳化锆／氧化铝涂层，而 D 复合纱线所制织物的表层为纯聚乙烯醇缩丁醛涂层，降低了织物对光的吸收性能。A、C 复合纱线所制织物相比较，在相同时间内，A 复合纱线所制织物的升温速率及降温速率都比 C 复合纱线所制织物较快，这可能是因为其石蜡含量较少，所需熔融热较低。

涤纶纱线、涤纶／聚乙烯醇缩丁醛／碳化锆／氧化铝／石蜡复合纱线及涤纶／聚乙烯醇缩丁醛／碳化锆／氧化铝复合纱线所制织物在红外照射下的表面温度随照射时间的变化如图4-34所示。由图可以看出，涤纶纱线所制织物的升温速率最慢，涤纶／聚乙烯醇缩丁醛／碳化锆／氧化铝／石蜡复合纱线所制织物的升温速率居中，涤纶／聚乙烯醇缩丁醛／碳化锆／氧化铝复合纱线所制织物的升温速率最快。这说明添加碳化锆、氧化铝能显著提高织物对光的吸收性能，并将其转化为热能，提高织物的升温速率，而石蜡相变材料的添加调节了温度的过快增加或降低，在加热过程可以平缓温度的升高，在降温过程可以减缓温度的降低。涤纶／聚乙烯醇缩丁醛／碳化锆／氧化铝复合纱线所制织物较涤纶纱线所制织物最大温差在升温过程中为22.3℃，在降温过程中为18.5℃。涤纶／聚乙烯醇缩丁醛／碳化锆／氧化铝复合纱线最大温差在升温过程中为40.9℃，在降温过程中为11.4℃。

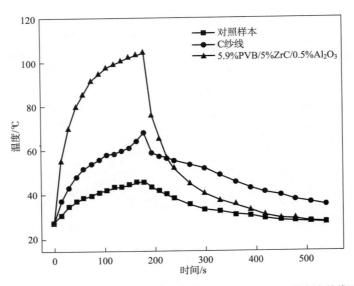

图4-34 涤纶纱线、涤纶/聚乙烯醇缩丁醛/碳化锆/氧化铝/石蜡复合纱线及涤纶/
聚乙烯醇缩丁醛/碳化锆/氧化铝复合纱线的红外光热性能

九、复合纱线的光热转换及能量存储效率分析

（一）测试方法

使用氙灯光源模拟太阳光，照射到复合纱线所制织物表面的光功率由光功率计测得，复合纱线所制织物表面的温度由红外摄像机读取，通过绘制温度—时间曲线图来表征模拟太阳光辐射的光热转换及能量存储效率性能。复合纱线所制织物的光热转换及能量存储效率 η 计算公式为式（4-3）：

$$\eta = \frac{m \times \Delta H}{L \times S \times (t_t - t_f)} \tag{4-3}$$

式中，m 为样品的质量，取值为0.7g；ΔH 为通过DSC技术测定样品的相变焓，J/g；L 为光照强度，取值为 $80 \cdot 10^{-3} \mathrm{W/cm^2}$；$S$ 为样品受光照的面积，取值为 $14\mathrm{cm^2}$；t_f、t_t 为样品开始相变和相变完成时的温度所对应的时间（由切线法确定），s。

（二）光热转换及能量存储效率分析

图4-35为模拟太阳光下，涤纶/聚乙烯醇缩丁醛/碳化锆/氧化铝/石蜡复合纱线的光热转换和能量存储曲线。由图可以看出，涤纶/聚乙烯醇缩丁醛/碳化锆/氧化铝/石蜡复合纱线在刚放置于模拟太阳光下时温度升温较快，经过182s后，该复合纱线的温度上升到55.8℃，然后随着时间的增加出现一个短且小的平台，平台的出现说明该复合纱线在

此处发生了相转变，相变温度为56℃。到此温度时，石蜡吸收热量，将能量存储在涤纶/聚乙烯醇缩丁醛/碳化锆/氧化铝/石蜡复合纱线中，延缓温度上升。平台小是因为碳化锆的导热系数较高，可以快速地将转换的能量传递给石蜡，加速相变过程完成。到达305s后，涤纶/聚乙烯醇缩丁醛/碳化锆/氧化铝/石蜡复合纱线的升温速度再次迅速增加，在540s时停止光照，该复合纱线的温度先急剧下降，当温度降至56℃附近时，温度下降的趋势变缓且出现降温平台，这是因为石蜡在此温度时发生相变将储存的热量释放出来。再经过75s后，涤纶/聚乙烯醇缩丁醛/碳化锆/氧化铝/石蜡复合纱线再次快速降温至室温。

根据式（4-3）可以计算出，涤纶/聚乙烯醇缩丁醛/碳化锆/氧化铝/石蜡复合纱线在模拟太阳光照射下的光热转换和能量存储效率为79.64%，即涤纶/聚乙烯醇缩丁醛/碳化锆/氧化铝/石蜡复合纱线具有较好的光热转换和能量储存性能。

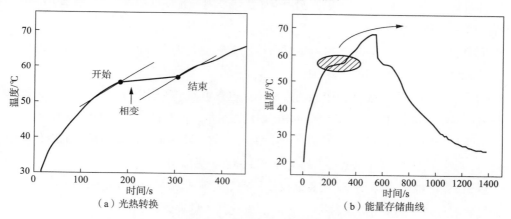

图4-35　光辐射条件下涤纶/聚乙烯醇缩丁醛/碳化锆/
氧化铝/石蜡复合纱线的光热转换和能量存储曲线

| 第五节 | 棉/聚氨酯/碳化锆复合纱线 |

一、棉/聚氨酯/碳化锆复合纱线的制备

实验材料见表4-12。

表4-12　实验材料一览表

药品名称	规格	生产厂家
棉股线	20S/2	义乌市明荣线业有限公司
碳化锆	50～300nm	湖南华炜精诚美星科技有限公司
无水乙醇	分析纯	国药基团化学试剂有限公司
聚氨酯颗粒	HK-620C	上海亨金化工有限公司
N,N-二甲基甲酰胺	分析纯	国药基团化学试剂有限公司
去离子水	1级	实验所自制

（一）碳化锆悬浊液的制备

浆液制备的具体步骤如下所示：

步骤1：制备溶液前先按一定比例用电子天平称量一定质量的N,N-二甲基甲酰胺、聚氨酯（PU）及碳化锆（ZrC）。

步骤2：将称取的N,N-二甲基甲酰胺溶液放入烧杯中，并加入后续搅拌所需要的转子，然后封口。

步骤3：随后将烧杯置于设定温度为80℃的电磁恒温水浴锅中加热，待N,N-二甲基甲酰胺溶液温度稳定后加入之前称量好的PU颗粒并封口，打开磁力搅拌开关开始搅拌。

步骤4：在水浴锅中恒温搅拌1h至溶解充分均匀，随后加入之前称量好的碳化锆粉末并封口，继续搅拌1h至碳化锆粉末均匀分布在溶液中后取出。

步骤5：再将溶液放入超声波震荡仪中处理1h至碳化锆粉末分布更加均匀充分，由此所制得的溶液即为上浆所需浆料——聚氨酯/碳化锆（热敏染料）溶液。

其中，经过上述步骤制得的聚氨酯/碳化锆（热敏染料）溶液为悬浊液。

为了探索具有最佳光热转换功能的纱线，确定最佳聚氨酯、碳化锆质量分数，设计聚氨酯、碳化锆不同质量比例、浓度梯度的上浆实验，具体情况如表4-13所示。

表4-13　浆液制备时聚氨酯、碳化锆质量分数

浆料编号	PU质量分数/%	ZrC质量分数/%
JL1	0	4
JL2	3	4
JL3	4	4
JL4	5	4
JL5	6	4
JL6	6	0
JL7	6	3
JL8	6	5
JL9	6	6

（二）复合纱线的制备

采用浆纱涂覆法制备复合纱线。实验采用规格型号为GA391的上浆实验机（江阴市通源纺机有限公司），上浆过程中转速设置为25r/min，关闭浆槽加热装置，烘箱温度设置为50℃，如表4-14所示。通过采用上述所制浆液制得的纱线如表4-15所示。

表4-14　GA391型上浆实验机参数设置

纱线	浆槽加热	转速/（r/min）	烘箱温度/℃
20S/2棉股线	关	25	50

表4-15　使用不同浆液制得的对应复合纱线

浆料编号	所得纱线	浆料编号	所得纱线
JL1	棉/ZrC4%复合纱线	JL6	棉/PU6%复合纱线
JK2	棉/PU3%/ZrC4%复合纱线	JL7	棉/PU6%/ZrC3%复合纱线
JL3	棉/PU4%/ZrC4%复合纱线	JL8	棉/PU6%/ZrC5%复合纱线
JL4	棉/PU5%/ZrC4%复合纱线	JL9	棉/PU6%/ZrC6%复合纱线
JL5	棉/PU6%/ZrC4%复合纱线		

二、棉/聚氨酯/碳化锆复合织物的制备

为了便于后续实验测试，将上述得到的棉/聚氨酯/碳化锆复合纱线通过机织机小样机织造得到棉/聚氨酯/碳化锆复合机织物，具体机织物参数为：平纹织物，经密240根/10cm，纬密164根/10cm；通过手摇针织横机（Z653A7，福建革新机器厂）织造得到棉/聚氨酯/碳化锆复合针织物，具体针织物参数为双罗纹组织，横密为32横列/5cm，纵密为30纵行/5cm。

涤纶/聚乙烯醇/碳化锆复合织物的制备工艺流程如图4-36所示。

聚氨酯溶液　　聚氨酯/碳化锆悬浊液　　棉/聚氨酯/碳化锆复合纱线　　碳化锆复合织物

图4-36　棉/碳化锆复合织物的制备工艺流程

三、棉/聚氨酯/碳化锆复合纱线的红外光热性能

（一）测试方法

将棉股线和棉/聚氨酯/碳化锆复合纱线分别制备的针织物放于红外灯（主波段为950nm，R95E 100W，荷兰皇家飞利浦公司）下相同位置，织物与光源之间的垂直距离为30cm，红外摄像机与织物距离为35cm。测试时，开启红外灯光照5min，每隔5s对织物表面温度进行一次读数，光照加热完成后冷却10min，其间记录织物表面的温度，最后获得温升曲线。

（二）红外光热性能分析

首先保证碳化锆质量分数不变，将棉股线、棉/ZrC4%复合纱线、棉/PU3%/ZrC4%复合纱线、棉/PU4%/ZrC4%复合纱线、棉/PU5%/ZrC4%复合纱线、棉/PU6%/ZrC4%复合纱线分别制得的针织物进行红外光照处理，得出红外灯光照5min后的最终温度，如表4-16所示，各纱线对应的具体温升曲线如图4-37所示。

表4-16　不同浓度聚氨酯制得织物的红外光照5min温度变化

使用纱线	初始温度/℃	光照5min后温度/℃
20S/2棉股线	22.0	46.5
棉/ZrC4%复合纱线	22.1	68.8
棉/PU3%/ZrC4%复合纱线	22.3	72.5
棉/PU4%/ZrC4%复合纱线	22.1	73.8
棉/PU5%/ZrC4%复合纱线	22.1	75.8
棉/PU6%/ZrC4%复合纱线	22.1	77.3

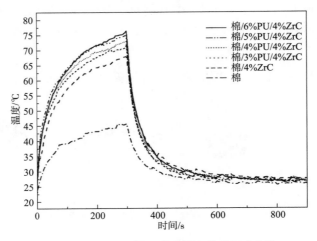

图4-37　不同浓度聚氨酯制得织物的温升曲线

由表4-16和图4-37可以看出，含有碳化锆的复合纱线制得的针织物，在红外灯光照下的升温速率远大于普通棉针织物，说明碳化锆能够起到吸收红外线，将光能转化为热能的作用。并且织物的光热转换效率随聚氨酯的质量分数增加而增加，因为悬浊液的稳定性随溶液黏度的增加而增加，而聚氨酯质量分数的增加会导致溶液的黏度增加，因此所制浆液的稳定性随聚氨酯质量分数的增加变得更好，碳化锆粉末聚集沉降的概率减小，纱线上浆时所携带的碳化锆粉末量变多，制得的光热转换纱线效果更好。在碳化锆质量分数不变的情况下，聚氨酯的质量分数为6%时制得的棉/PU6%/ZrC4%复合纱线光热转换效果最好。

在聚氨酯的质量分数为6%的基础上，改变碳化锆质量分数，使用棉股线、棉/PU6%复合纱线、棉/PU6%/ZrC3%复合纱线、棉/PU6%/ZrC4%复合纱线和棉/PU6%/ZrC5%复合纱线分别制得的针织物再进行红外光照处理，具体实验情况如表4-17所示，各纱线对应的具体温升曲线如图4-38所示。

表4-17　不同浓度碳化锆制得的织物的红外光照5min温度变化

使用纱线	初始温度/℃	光照5min后温度/℃
20S/2棉股线	22.0	46.5
棉/PU6%复合纱线	21.8	45.6
棉/PU6%/ZrC3%复合纱线	22.3	76.3
棉/PU6%/ZrC4%复合纱线	22.1	77.3
棉/PU6%/ZrC5%复合纱线	22.0	76.5

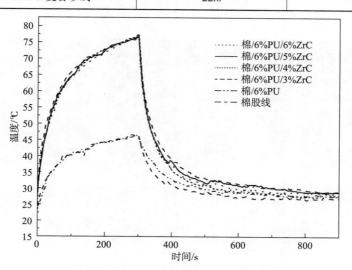

图4-38　不同浓度碳化锆制得的织物的温升曲线

由表4-17和图4-38可以看出碳化锆的质量分数改变对纱线光热转换效果的影响不大，

原因是悬浮在聚氨酯溶液中的碳化锆粉末，在碳化锆质量分数为3%时已达到饱和状态，所以后续碳化锆粉末质量分数的增大对制得的纱线光热转换效果影响不大，光热转换效率基本保持不变。

实验最终选择用质量分数为6%的聚氨酯和质量分数为4%的碳化锆来制备浆液，对棉线上浆，制得光热转换纱线。

四、棉／聚氨酯／碳化锆复合纱线的形态结构

（一）测试方法

将棉股线、棉／聚氨酯复合纱线、棉／碳化锆复合纱线和棉／聚氨酯／碳化锆复合纱线分别取段，通过导电胶固定在扫描电镜置物台上，然后进行除湿处理，待充分干燥后喷金完成样品的制备。

（二）形态结构分析

对棉股线和棉／PU6%／ZrC4%复合纱线进行扫描电子显微镜测试和实物图拍摄，测试结果如图4-39所示。

对比图4-39（a）（b）两图，可以看出经过聚氨酯涂层处理后，棉纤维表面明显被聚氨酯涂覆。对比图4-39（b）（c）两图，可以看出，经过聚氨酯／碳化锆涂覆之后，纤维表面的聚氨酯膜上附着大量颗粒物。观察图4-39（d），可以看出，经过聚氨酯／碳化锆涂覆，纱线颜色由于碳化锆粉末的存在从白色变为黑色，且黑色均匀连续，证明聚氨酯／碳化锆涂层涂覆效果较好，无结块。

（a）棉股线　　　　　　　（b）棉／聚氨酯复合纱线　　　　　　（c）棉／聚氨酯／碳化锆复合纱线

（d）棉股线（上方）和棉／聚氨酯／碳化锆复合纱线（下方）实物图

图4-39　电子显微镜840×照片和实物图

五、棉/聚氨酯/碳化锆复合纱线的物相分析

（一）测试方法

X射线衍射测试方法详见本章第二节。

（二）物相分析

棉股线和棉/PU6%/ZrC4%复合纱线X射线衍射（XRD）测试结果如图4-40所示。

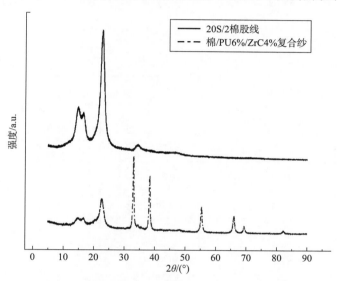

图4-40　棉股线和棉/PU6%/ZrC4%复合纱线X射线衍射测试图

经过聚氨酯/碳化锆涂层涂覆后，棉/PU6%/ZrC4%复合纱线的衍射峰对比棉股线的衍射峰出现了明显的变化，在衍射角为33.13°、38.44°、55.60°、66.06°、69.37°处出现了新的衍射峰，即分别对应于立方相碳化锆的（111）、（200）、（220）、（311）和（222）晶面，进一步证明了纳米碳化锆颗粒成功涂覆于棉股线表面。

六、棉/聚氨酯/碳化锆复合纱线的力学性能

（一）测试方法

实验采用的仪器为万能电子拉伸实验机（Instron 5943，美国INSTRON公司）。设定夹持长度为100mm，恒定拉伸速率为20cm/min。每批纱线取样测试16次。

（二）力学性能分析

强力测试结果如表4-18所示。

表4-18　纱线拉伸断裂强力测试数据　　　　　　单位：N

纱线	20S/2棉股线	棉/PU6%复合纱	棉/PU6%/ZrC4%复合纱
测试1	8.57	11.19	11.03
测试2	8.59	10.42	11.07
测试3	9.18	9.09	9.99
测试4	8.88	9.24	11.49
测试5	8.16	9.05	10.88
测试6	8.44	8.79	11.29
测试7	8.77	10.84	10.59
测试8	8.74	10.51	10.79
测试9	8.96	10.78	10.23
测试10	8.45	9.77	10.14
测试11	8.87	10.48	9.78
测试12	8.93	10.00	10.45
测试13	8.42	10.20	10.46
测试14	9.60	11.24	11.11
测试15	9.42	11.11	9.38
测试16	8.83	11.03	10.13
平均强力	8.80	10.23	10.55

由表4-18可以看出，棉/PU6%复合纱和棉/PU6%/ZrC4%复合纱对比20S/2棉股线在最大断裂强力上有了明显的增加，从平均断裂强力8.8N提升到了10.23N和10.55N。主要原因是棉股线的断裂机理为纱线内部部分纤维的断裂和纤维间的滑移，经过聚氨酯涂覆处理后，纱线的断裂强力除了聚氨酯膜产生的增强外，也由于聚氨酯将相邻纤维黏结得更紧密，纤维滑脱更加困难，纱线断裂时需要破坏的纤维数量增加。

七、棉／聚氨酯／碳化锆复合纱线的疏水性

（一）测试方法

纺织领域中的接触角一般是指单位质量的水滴在纤维层、纱线层或者织物表面时液滴与纺织材料平面所形成的夹角。一般来说，接触角小于90°时材料易被润湿，为亲水性材料；接触角大于90°时，材料表面呈现为疏水性，润湿难度变大。

接触角的测量目前已有许多种方法，其中运用最广泛、方法简单直接的是外形图像分析法。本实验测量仪器采用的即为外形图像分析法。

将棉股线和棉／聚氨酯／碳化锆复合纱线分别制得的机织物裁剪成1.5cm×4cm的长方形，使用双面胶将小样固定在载玻片上。用专门的超细针管注射器装好超纯水固定在仪器上，每次推出30μL大小的液滴，通过仪器观察测量液滴在织物表面静置5s后的静态接触角。

（二）疏水性分析

接触角的测量结果如表4-19、图4-41所示。

表4-19　接触角测试数据

面料	20S／2棉股线针织物	棉／PU6%／ZrC4%复合纱针织物
接触角测试1	84.3°	121.6°
接触角测试2	87.3°	127.9°
接触角测试3	86.1°	123.5°
平均接触角	85.9°	124.3°

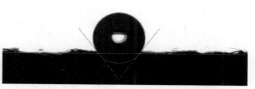

CA左：87.3°　CA右：88.4°

CA左：127.9°　CA右：127.8°

（a）棉股线针织物接触角测试　　　　（b）棉/PU6%/ZrC4%复合纱针织物接触角测试照片

图4-41　棉股线针织物与棉/PU6%/ZrC4%复合针织物接触角

由表4-19和图4-41可以看出经过上浆涂覆处理，接触角有了显著提升，从平均的85.9°增加到了124.3°，疏水性能有了明显改善，其主要是由于聚氨酯的涂覆。

八、棉/聚氨酯/碳化锆复合织物的抗皱性

（一）测试方法

织物受到折叠揉搓时会产生皱痕，这种情况下产生皱痕的性能称为折皱性，抵挡这种皱痕产生的性能称为抗皱性。抗皱性一般是指在力的作用下产生形变后恢复的程度，影响着织物的外观和平整。

采用全自动织物折皱弹性仪（YG541E），将织物在重压下折叠后静置，测量织物的折皱回复角来表达织物的抗皱性。

将棉股线和棉/聚氨酯/碳化锆复合纱线分别制得的机织物裁剪成"凸"形试样，沿上端突出部分180°对折重叠为长方形织物，平放于仪器试验台的夹板内，释放重锤进行加压，并经一定时间后去掉压力，由仪器自动读出试样两对折面间的张角，此角度即为折皱回复角。实验中设置的加压时间为3min，静置时间为3min。

（二）抗皱性分析

实验分别对棉股线和棉/PU6%/ZrC4%复合纱线分别制得的机织物进行了5经5纬的抗皱回复角的测量，具体情况如表4-20所示。

表4-20　抗皱回复角测试数据

面料	20S/2棉股线机织物	棉/PU6%/ZrC4%复合纱线机织物
纬回复角1	18.6°	66.5°
纬回复角2	27.5°	65.1°
纬回复角3	14.2°	71.2°
纬回复角4	23.4°	62.3°
纬回复角5	22.1°	63.1°
平均纬回复角	21.2°	65.6°
经回复角1	21.2°	73.4°
经回复角2	27.0°	68.4°
经回复角3	18.5°	70.2°
经回复角4	25.8°	67.8°
经回复角5	19.7°	71.3°
平均经回复角	22.4°	70.2°
总折痕回复角	21.8°	67.9°

由实验数据可知，20S/2棉股线机织物总回复角为21.8°，而经过聚氨酯/碳化锆涂层涂覆得到的棉/PU6%/ZrC4%复合纱线所制得的机织物总回复角提升到了67.9°，提升效果明显，其主要是因为聚氨酯具有良好的回弹性。

九、棉/聚氨酯/碳化锆复合织物的紫外线防护性能

（一）测试方法

将棉股线、棉/聚氨酯复合纱线和棉/聚氨酯/碳化锆复合纱线分别制得的针织物通过织物透紫外线测试仪（YG909-Ⅲ，温州方圆仪器有限公司）进行透射比和防护系数的测试。每组试样进行10次测量取平均值，确定各织物的透射比和防护系数。

（二）紫外防护性能分析

紫外线防护性能测试结果如表4-21所示。

表4-21　紫外线防护性能测试数据

样品	UVA透射比/%	UVB透射比/%	防护系数UPF值
棉股线	5.169	4.035	22.744
棉/PU6%复合纱线	4.592	3.351	26.944
棉/PU6%/ZrC4%复合纱线	2.323	2.303	42.735

纯棉股线制得的针织物紫外线防护值只有22.744，棉/PU6%复合纱线制得的针织物紫外线防护值是26.944，棉/PU6%/ZrC4%复合纱线制得的针织物紫外线防护值达到了42.735。涂覆上碳化锆粉末后，棉线的抗紫外线能力大大提升，这是由于碳化锆粉末具有金属陶瓷粉末的特点，涂覆在棉股线上后，使纤维表面对紫外光的漫反射增强，对应织物的紫外线防护值明显增加。

十、棉/聚氨酯/碳化锆复合织物的耐用性

（一）测试方法

1.循环稳定性测试

将棉/聚氨酯/碳化锆复合纱线制得的针织物放于红外灯（主波段为950nm）下相同位置，织物与光源之间的垂直距离为30cm，红外摄像机与织物距离为35cm，红外灯光照

5min，光照完成后冷却10min，其间每隔5s对织物表面温度进行一次读数。待织物冷却至室温后，重新进行一轮测试，循环10次。

2.水洗前后光热转换性能测试

准备500mL大小的烧杯，在里面加入400mL的纯水，放入棉/聚氨酯/碳化锆复合纱线制得的针织物和转子并封口，然后放在磁力搅拌机上常温下开始搅拌。搅拌转速为1000 r/min。分别搅拌50min、100min和200min后取出，放入恒温50℃的烘箱内烘干，干燥后静置至室温后放于红外灯（主波段为950nm）下相同位置，织物与光源之间的垂直距离为30cm，红外摄像机与织物距离为35cm，红外灯光照5min，光照完成后冷却10min，其间每隔5s对织物表面温度进行一次读数。

3.水洗前后色差测试

样品制备工序与光热转换性能测试相同，织物干燥后静置至室温后使用分光测色仪（CS-820，杭州彩谱科技有限公司）对织物K/S值、L^*（明度值）、a^*（红/绿值）和b^*（黄/蓝值）进行测量。

其中，总色差ΔE^*计算公式如式（4-4）所示：

$$\Delta E^* = \sqrt{(\Delta L^*)^2 + (\Delta a^*)^2 + (\Delta b^*)^2} \qquad (4-4)$$

式中，ΔL^*为两对照样的明度值差值；Δa^*为两对照样的红/绿值差值；Δb^*为两对照样的黄/蓝值差值。

每个样品分别测试10次取平均值作为该样品的最终测试数据。

（二）循环稳定性分析

循环测试1次、2次、5次、10次的样品经红外灯光照5min后的最终温度如表4-22所示，具体温升曲线如图4-42所示。

表4-22　不同循环次数红外光照5min温度变化

样品	初始温度/℃	光照5min后温度/℃
红外处理1次光热转换针织物	21.6	75.6
红外处理2次光热转换针织物	22.0	75.6
红外处理5次光热转换针织物	22.8	76.6
红外处理10次光热转换针织物	22.7	76.3

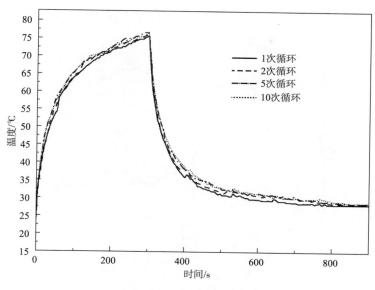

图4-42　不同循环次数温升曲线

实验数据显示棉/PU6%/ZrC4%复合纱循环1次、2次、5次、10次后红外灯光照5min所得到的最终温度都徘徊在75.6～76.6℃，波动幅度不大，表明纱线的循环性能稳定。从它们的温升曲线可以清晰地看出，不同循环次数后的纱线在红外灯下的升温速率几乎保持一致，即进一步表明纱线的循环稳定性能良好。

（三）水洗前后光热转换性能分析

棉/PU6%/ZrC4%复合纱线制得的针织物水洗前、水洗50min、水洗100min、水洗200min，红外灯光照5min后的最终温度如表4-23所示，具体温升曲线如图4-43所示。

表4-23　不同水洗程度红外光照5min的温度变化

样品	初始温度/℃	光照5min后温度/℃
未水洗光热转换针织物	22.5	77.3
水洗50min光热转换针织物	22.2	75.8
水洗100min光热转换针织物	22.1	75.0
水洗200min光热转换针织物	22.0	72.5

表4-23显示，棉/PU6%/ZrC4%复合纱线制得的针织物水洗50min、100min时纱线的光热转换效率几乎没有改变，水洗200min、红外灯光照5min后的温度从未水洗前的77.3℃降到了72.5℃，但对比棉股线制得的针织物仍具有良好的光热转换性能，表明该复合纱线具有良好的耐洗涤能力。

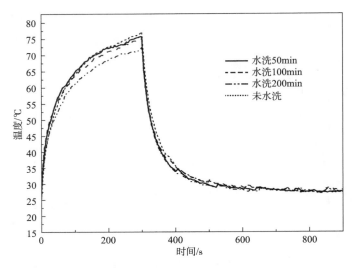

图4-43 不同水洗程度的温升曲线图

（四）水洗前后色差分析

光热转换针织物在不同水洗程度下用分光测色仪测得的数据如表4-24所示，光热转换针织物在不同水洗程度下的实物图如图4-44所示。

表4-24 光热转换针织物在不同水洗程度下用分光测色仪测得的数据

样品	K/S	L^*	a^*	b^*
未水洗光热转换针织物	7.132	31.786	0.064	0.585
水洗50min光热转换针织物	7.029	30.495	0.066	0.556
水洗100min光热转换针织物	6.927	30.619	0.073	0.488
水洗200min光热转换针织物	7.061	30.351	0.081	0.493

水洗50min   水洗100min   水洗200min

图4-44 光热转换针织物在不同水洗程度下的实物图

实验数据表明不同水洗程度的 K/S 值变化幅度不大，说明水洗前后织物的颜色变化不大，碳化锆粉末的流失少，织物的耐洗涤性能好。根据总色差 ΔE^* 公式式（4-4）进行计算，可得水洗 50min 光热转换针织物和未水洗光热转换针织物之间的总色差 $\Delta E^*_1 = 1.291$；水洗 100min 光热转换针织物和未水洗光热转换针织物之间的总色差 $\Delta E^*_2 = 1.171$；水洗 200min 光热转换针织物和未水洗光热转换针织物之间的总色差 $\Delta E^*_3 = 1.438$。测得不同水洗程度的光热转换针织物与未水洗光热转换针织物之间的总色差均小于 1.5，色牢度等级大于4级，都处于人类肉眼无法分辨的色差范围。如图 4-44 所示，光热转换针织物在不同水洗程度下的颜色变化肉眼几乎无法分辨，进一步表明该复合纱线具有良好的耐洗涤能力。

第五章

棉／不锈钢丝／PEG 电热调温织物

电热纺织品可由导电材料与纺织品复合得到，它可以通过调节外加电压使加热温度可控，其可反复加热并且加热效果良好。

常见的电热纺织品一般将导电纱线通过机织、针织或刺绣等方法织入织物或者将导电聚合物涂覆于织物上。已有研究主要集中在镀银纱线织物的发热性能方面。例如，Sun Kexia 等研究了结构参数对镀银纱交织毛针织物电热性能的影响；泮丹妮等以锦纶镀银导电丝和涤纶长丝为经纬纱，探讨了织物组织结构对导电面料电学性能及服用性能的影响。但常用的镀银长丝价格高昂，相比之下不锈钢丝价格较低，并且具有较好的导电性、传热性和可纺性，适用于复合织物的开发。此外，大多数复合织物的研究中，电热纤维或材料暴露于织物表面，起不到绝缘作用，有安全隐患；有研究通过涂覆防水膜或者以类似"三明治"结构将复合织物包覆于芯层，但工序增加，成本增加。

关于相变调温与电热功能结合的纺织品的研究也在增多。如 Zhang Haiquan 等通过嵌入乙炔导电网络制备了一种新型的形状稳定的相变材料，该方法为拓宽相变材料在电热能转换/存储方面的应用提供了思路；Li Guangyong 等制造了柔性高强自清洁的石墨烯—气凝胶相变智能纤维，由该纤维制成的纱线和织物具有自清洁超疏水表面，能实现可逆能量储存/转化，对外部刺激（电/光/热）显示出多重响应性；Chen Liangjie 等采用多孔可变形碳纳米管海绵作为石蜡的柔性封装支架，制备了光热—电热—相变多功能复合材料。但它们大多集中于复合材料的研究，还处于实验室阶段。

此次笔者选用不锈钢丝为芯纱，聚乙二醇为相变材料，棉为外包材料，通过热熔上浆法和摩擦纺相结合的方法，成功制备出具有皮芯结构的相变导电复合纱，根据毛羽、纱强测试结果确定最佳摩擦辊转速。再由复合纱织制得复合织物，研究不同纬密和组织结构对织物储能调温性能和电热性能的影响。

此方案的特点在于纱线制备工艺和织物功能。制备工艺方面，采用摩擦纺对不锈钢丝进行包覆赋予纱线电学性能，利用摩擦纱具有特殊的捻度分层结构，纱里紧外松，表面毛羽较多，有利于牢牢吸附 PEG，并且吸附的 PEG 含量多；对浸渍过 PEG 的芯纱采用摩擦纺纱法再进行包覆，避免在环锭纺或转杯纺包芯过程中包覆角频繁不规律变化造成的纺纱困难，制得结构稳定的电热调温复合纱线，包覆结构也能对电热材料起到绝缘作用，并且工艺简单，原料适应面广，有望进行工业化生产。织物功能方面，由复合纱制成的织物，具有典型的电热和储能调温功能，将相变调温与电热功能相结合，一方面可以利用相变功能缓解电加热升温、降温时温度变化过大的情况；另一方面，可使电能作为相变材料的热源，使相变材料可以潜在地用于各种领域，进一步扩大相变材料的应用范围。

第二节　棉／不锈钢丝／PEG 复合纱线

一、棉／不锈钢丝／PEG复合纱线的制备

（一）材料与仪器

实验所用材料如表5-1所示。实验所用仪器如表5-2所示。

表5-1　实验材料

材料	参数	厂家
棉条	定量23g/5m	实验室自制
不锈钢丝	直径0.15mm	购自市场
聚乙二醇	分子量2000	国药集团化学试剂有限公司
棉股线	规格20S/2	义乌市明荣线业有限公司

表5-2　实验仪器

仪器	型号	厂家
摩擦纺纱机	HFX-02	苏州市华飞纺织科技有限公司
单纱浆机	GA391	江阴市通源纺机有限公司
毛羽测试仪	YG173A	苏州长风纺织机电科技有限公司
半自动打样机	SGA598-SD	江阴市通源纺机有限公司
保温材料导热率测试仪	DRPL-11	湘潭湘仪仪器有限公司
材料试验机	INSTRON5943	美国NORWOOD有限公司
数字视频显微镜	RH-2000	日本HIROX有限公司
红外灯	R95E 100W	荷兰皇家飞利浦公司
差示扫描量热仪	DSC25	美国TA仪器有限公司
热重分析	TGA55	美国TA仪器有限公司
数字万用表	34465A	美国KEYSIGHT有限公司
红外热像仪	FLIR	美国FLIR有限公司

（二）样品制备

1.制备复合纱线

步骤一，制备棉/不锈钢丝线（C/SS）。由于不锈钢丝表面光滑，摩擦系数小，聚乙二醇难以直接通过上浆的方式均匀地附着在其表面，因此选用不锈钢丝为芯纱，棉纤维为外包材料，通过摩擦纺的方式将棉包覆在不锈钢丝的外层，使在后续上浆过程中，纱线吸附的聚乙二醇含量多且分布均匀。摩擦纺纱机的结构如图5-1所示，工艺参数为棉条喂入速度0.5m/min，分梳辊速度4000r/min，摩擦辊速度5000r/min，成纱输出速度30m/min，成纱卷绕速度33m/min。纺纱过程中，棉条1被送入牵伸装置2，然后通过分梳辊3，在分梳辊3中，条子被开松成松散的纤维4，接着纤维被气流输送到摩擦辊5的表面，摩擦辊的运动方向与成纱输出方向垂直。在摩擦辊表面，纤维被吸附并凝聚成带状的纤维须条。由于须条与摩擦辊表面接触且之间有吸力，因此须条与摩擦辊表面间产生摩擦，并随摩擦辊表面绕自身轴线滚动而被加捻，包覆在沿楔形槽方向喂入的芯纱6上得到包芯纱，包芯纱7以一定的速度输出，然后通过槽筒卷绕在筒管8上。

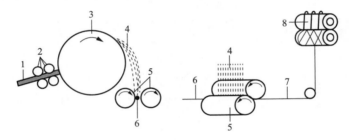

图5-1 摩擦纺纱机的结构

1—棉条 2—牵伸装置 3—分梳辊 4—棉纤维 5—摩擦辊 6—芯纱 7—C/SS线 8—筒管

步骤二，制备聚乙二醇/棉/不锈钢丝线（PEG/C/SS）。聚乙二醇（分子量200～20000）的相变温度和相变焓随着聚合度的增加而增大，相变温度在45～70℃，相变焓在140～175J/g，属于低温相变材料。由于PEG2000的熔点高于正常室温，所以选择浆液为PEG2000熔融液，只需保持烘箱温度为常温，在上浆完成后，适当延迟开始卷取的时间，PEG就可自然凝固于纱线表面，与传统上浆工序相比免去了烘箱烘干的过程，降低了生产过程中的能量损耗。单纱浆机的结构如图5-2所示，工艺参数为浆槽温度80℃，浆纱速度12m/min，烘箱温度为常温。浆纱过程中，浆槽中是PEG2000的熔融液1，C/SS线2从纱管上退绕，通过导纱辊3进入浆槽，然后纱线通过浸渍辊4、上浆辊5和压辊6，接着进入烘箱，然后PEG/C/SS线通过槽筒7缠绕到筒管8上。

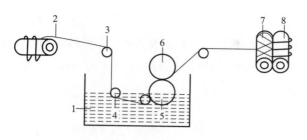

图5-2 单纱浆机的结构

1—PEG 2000 2—C/SS线 3—导纱辊 4—浸渍辊 5—上浆辊 6—压辊 7—槽筒 8—筒管

步骤三，制备棉/聚乙二醇/棉/不锈钢丝线（C/PEG/C/SS）。为防止聚乙二醇的流失，同时赋予纱线一定的服用性能，再通过摩擦纺在PEG/C/SS线外包覆一层棉纤维，最终得到具有导电和相变功能的摩擦纺复合纱——C/PEG/C/SS线，纱线为皮芯结构，如图5-3所示。摩擦比是决定捻度的主要参数，在一定范围内两者成正相关关系，选择合适的摩擦比是保证成纱质量的重要条件，提高摩擦比的常用手段是提高摩擦辊转速。为优化复合纱的工艺参数，通过调节摩擦辊转速，获得了5组不同摩擦辊转速的复合纱线$Y_1 \sim Y_5$，详细纺纱参数如表5-3所示，其中Y_6为C/SS线（空白样）。其他工艺参数为棉条喂入速度0.5m/min，分梳辊速度4000r/min，成纱输出速度30m/min，成纱卷绕速度33m/min。

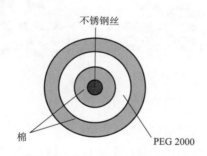

图5-3 C/PEG/C/SS线的结构

表5-3 摩擦纺复合纱线的工艺参数和物理性能

纱线编号	纺纱摩擦辊速度/（r/min）	纱线线密度/tex
Y_1	5000	874
Y_2	6000	716
Y_3	7000	560
Y_4	8000	533
Y_5	9000	900
Y_6	5000	128

2.制备复合织物

基于纱线毛羽和强力的测试结果，得到复合纱线的最佳摩擦辊转速。然后，用半自动打样机将优选后的复合纱编织成机织面料。表5-4列出了不同机织面料的规格，其中F₆为空白样。图5-4为不同组织的上机图。

表5-4 不同机织面料的规格

织物编号	纬纱	组织	纬密/（根/10cm）
F₁	复合纱	平纹	50
F₂	复合纱	平纹	60
F₃	复合纱	平纹	70
F₄	复合纱	斜纹	60
F₅	复合纱	缎纹	60
F₆	C/SS线	平纹	70

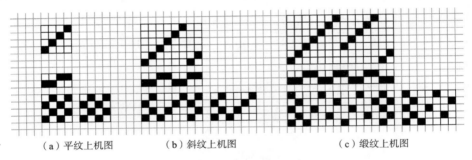

（a）平纹上机图   （b）斜纹上机图   （c）缎纹上机图

图5-4 不同组织的上机图

步骤一，设置单因素变量为织物纬密，得到F₁、F₂和F₃。半自动打样机的结构如图5-5所示，织造的工艺参数为经纱选用棉股线，纬纱选用C/PEG/C/SS复合纱，织物组织选用平纹组织，经密为180根/10cm，纬密分别为50根/10cm、60根/10cm和70根/10cm。织造过程中，经纱2从织轴引出后，绕过后梁1和经停架中导棒3，穿过综眼4和钢筘，在织口5处同纬纱交织成布，再绕过胸梁6，而后卷绕到卷布辊上形成布卷。

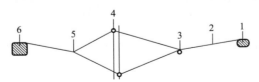

图5-5 小样织机的结构

1—后梁 2—经纱 3—中导棒 4—综眼 5—织口 6—胸梁

步骤二，设置单因素变量为织物组织，得到F₂、F₄和F₅。工艺参数为经纱选用棉股线，纬纱选用C/PEG/C/SS复合纱，经密为180根/10cm，纬密为60根/10cm，织物组织选用平纹组织、斜纹组织和缎纹组织。织造完成后，基于相变稳定性和电热性能的测试结果，得到复合织物的最佳纬密和最佳组织。

二、棉/不锈钢丝/PEG复合纱线及其织物的性能测试

1.复合纱线表面形态分析

将置有复合纱试样的载玻片放在数字视频显微镜RH-2000的载物台上，调节移动装置，使试样移到物镜中心，先用低倍镜观察试样，然后转换使用高倍镜，调整观察的亮度、放大倍数等参数后得到清晰的复合纱表面形态图片。

2.复合纱强伸性测试

采用INSTRON5943材料试验机测试纱线拉伸性能，测试速度为20mm/min，夹持隔距为100mm，$Y_1 \sim Y_6$每种试样测试15次，记录测试结果并取平均值。

3.复合纱毛羽测试

采用YG173A毛羽测试仪测试纱线毛羽情况，测试速度为30m/min，片段长度10m，$Y_1 \sim Y_5$每种试样测试3次，记录测试结果并取平均值。

4.复合织物相变物质泄漏测试

选择织物$F_1 \sim F_5$，实验前对样品进行称重，然后将样品放在滤纸上，并在80℃的烘箱中分别放置30min、60min，每个时刻点取出样品并迅速称重，记录结果。计算泄漏百分比。泄漏百分比为泄漏试验前后样品质量的差值占泄漏试验前样品质量的百分比。复合织物大小为5cm×5cm。泄漏试验装置如图5-6所示。

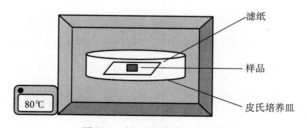

图5-6　泄漏试验装置的结构

5.复合织物升降温循环测试

选择织物$F_1 \sim F_6$，将样品放在滤纸上，并在热红外灯下照射10min之后移开热源静置试样，待试样恢复至室温再进行照射，分别重复5次、10次、15次，用红外热像仪记录第1次、第5次、第10次、第15次时升降温过程中各个时刻织物表面的温度，进而得到复合织物的升降温曲线。复合织物面积为5cm×5cm，热红外灯与织物垂直距离为25cm，红外热像仪与织物垂直距离为25cm。

6.复合织物热学性能测试

采用热重分析仪测试织物样品的热稳定性能，在N_2气氛下，设定升温范围为30～800℃，升温速率为10℃/min。试验结束后对TG曲线进行分析。采用差示扫描量热仪测定织物样品的潜热性能，在N_2气氛下，设定氮气保护流速为50mL/min，升温（降温）速率为10℃/min，测试温度范围为0～100℃。试验结束后对DSC曲线进行分析。

7.复合织物热导率测试

选择织物$F_1 \sim F_6$和普通棉布，采用DRPL-11保温材料导热率测试仪测试织物的导热系数，该仪器是通过瞬态热线法测试织物导热系数。试验参数为初始温度20℃左右，样品温升3℃左右，热线长度30mm，热线电阻5Ω，电源输出电流0.15A，电源输出电压0.754V，电源输出功率0.113W，测试时间60s。导热率测试装置如图5-7所示。

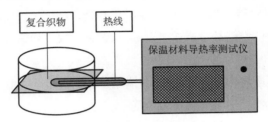

图5-7　热导率试验装置的结构

8.复合织物电阻及其稳定性测试

复合织物电阻测试示意图和等效电路图见图5-8，其中电阻R代表每块织物导电通道的电阻。由于复合纱作为纬纱喂入，因此织物中电路走向呈S形分布，导电通道之间形成一个串联电路。由于温度升高金属导体的电阻会增大，故电压大小会影响复合织物的温度，从而影响电阻值。为探究电压对织物电阻稳定性的影响，选择织物$F_1 \sim F_6$，用铝片夹持织物两侧露出的复合纱，用导线将织物与数字万用表两端连接，每隔2min增加1V电压，用数字万用表记录织物电阻值变化情况。复合织物面积为5cm×5cm。

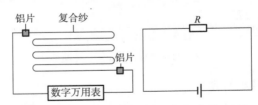

图5-8　织物电阻测试示意图和等效电路图

9.复合织物电发热性能测试

为探究电压对织物电发热性的影响，选择织物F_4、F_5和F_6，采用直流电源分别给复合织物施加1V、2V、3V、4V、5V的电压，用红外热像仪记录通电情况下升降温过程中各个时刻织物表面的温度，进而得到复合织物的升降温曲线。复合织物面积为5cm×5cm，红外热像仪与织物垂直距离为25cm。

10.复合织物电热均匀性测试

选择织物 F_4 和 F_6，每种织物分别从 0s 开始通电，负载电压为 3V，第 60s 时断电，每 20s 采集 1 张红外温度图像，得到复合织物的通电断电红外热像图，通过观察红外图片颜色的差异来判断发热的均匀性。选择织物 F_4 和 F_6，每种织物分别从 0V 开始以 1V/20s 的增幅通电 120s 后再断电，每 20s 采集 1 张红外温度图像，进而得到复合织物的通电断电红外热像图，通过观察红外图片颜色的差异来判断发热的均匀性。复合织物面积为 5cm×5cm，红外热像仪与织物垂直距离为 25cm。

11.复合织物电热耐久性测试

由于在长期使用过程中复合织物可能会遇到电热性能失效、电热效率低下等问题，因此，电热材料的耐久性很重要。选择织物 F_4，在 3V 的外加电压下对样品通电 3min、断电 3min，重复 10 次，用红外热像仪记录样品每次升降温过程中各个时刻织物的表面温度，进而得到复合织物的升降温曲线。选择织物 F_4，在 3V 的外加电压下对样品通电 2min 后断电 2 min，分别循环 10 次、20 次、30 次、40 次、50 次，用红外热像仪记录样品每次循环结束后升降温过程中各个时刻织物的表面温度，进而得到复合织物的升降温曲线，以表征样品的电热可重复性和耐久性。复合织物面积为 5cm×5cm，红外热像仪与织物垂直距离为 25cm。

三、棉/不锈钢丝/PEG 复合纱线的表面形态

图 5-9 为制备样品的流程图。首先通过摩擦纺制备 C/SS 线，通过上浆得到 PEG/C/SS 线，再通过摩擦纺得到复合纱 C/PEG/C/SS，最后用复合纱织制机织复合织物。所得样品的表面显微镜图像如图 5-10 所示。图 5-10(a)(b) 分别为 C/SS 线的横向和纵向形态，不锈钢丝外层包覆了一层棉纤维，改变了不锈钢丝表面光滑的特点，给不锈钢丝表面增加了"毛羽"，"毛羽"和摩擦纺外松里紧的结构为后续 PEG 的上浆提供了条件。图 5-10(c)(d) 分别为 PEG/C/SS 线的横向和纵向形态，对比可以看出，不锈钢丝外层包覆了一层蜡状物质，与上一阶段不同，纱线表面只能看见零星几根毛羽，这说明大量 PEG 成功吸附于纱线，并且 PEG 完全浸入棉层，均匀地包裹住 SS。PEG/C/SS 中的 PEG 可以起到抗拉作用，棉纤维和不锈钢丝也可以减少 PEG 发生固—液相变时的流动。图 5-10(e)(f) 分别为 C/PEG/C/SS 线的横向和纵向形态，从横截面来看，复合纱具有从里到外逐层包覆的分

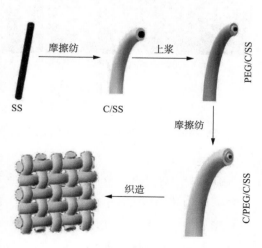

图5-9 样品制备的流程

层结构，最外层包覆的棉纤维的松散脱落，与制样有关。从纵向来看，外层棉纤维将PEG完全包覆在内，有利于防止PEG泄漏，并且包覆的棉层没有加剧由于PEG/C/SS线轴向上PEG含量差异造成的纱线粗细不匀，相反，所得复合纱条干较为均匀。

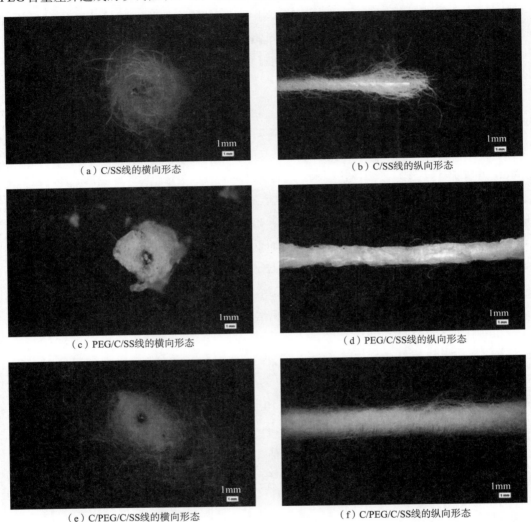

（a）C/SS线的横向形态　　　　　　　　（b）C/SS线的纵向形态

（c）PEG/C/SS线的横向形态　　　　　　（d）PEG/C/SS线的纵向形态

（e）C/PEG/C/SS线的横向形态　　　　　　（f）C/PEG/C/SS线的纵向形态

图5-10　样品的显微镜图像

四、棉/不锈钢丝/PEG复合纱线力学性能

图5-11显示了不同摩擦辊转速的复合纱的拉伸断裂情况。$Y_1 \sim Y_5$的强力最大值分别为6.67N、6.38N、6.86N、6.29N、7.21N。Y_6的强力最大值为4.17N，复合纱的强力比空白样Y_6增加了60%左右，即相对于C/SS线，上浆PEG后的复合纱的强力明显增大，这可能是因为复合纱中PEG增加了棉层纤维之间的抱合力，从而表现为复合纱强力的增大。不同

摩擦辊转速的复合纱的拉伸强度非常接近，这是由于摩擦辊转速主要影响外包纤维的包覆捻度和紧密程度，而摩擦纺包芯纱的断裂强力主要由芯纱提供。

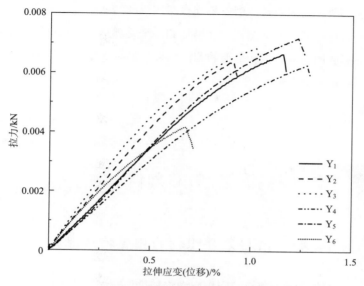

图5-11　不同摩擦辊转速的复合纱的拉伸断裂情况

五、棉／不锈钢丝／PEG复合纱线毛羽特征

图5-12显示了摩擦辊速度对复合纱毛羽指数的影响。毛羽指数是衡量纱线表面毛羽数量的一个指标，毛羽指数越小，说明纱线表面毛羽数量越少，纱线表面越光滑。从测试结

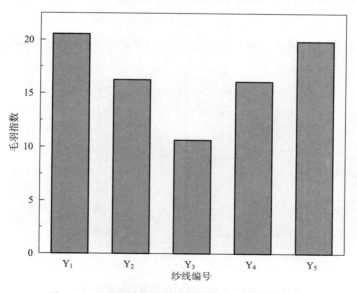

图5-12　不同摩擦辊转速的复合纱的毛羽指数比较

果可以看出，随着摩擦辊速度增加，复合纱毛羽指数呈现先减小后增加的趋势，其中，当摩擦辊转速为7000r/min时，复合纱毛羽指数最小。这一趋势与已有文献结论一致——摩擦纺纱的加捻区在两个同向旋转的摩擦辊间，摩擦辊的转速越高，成纱捻度越大，外层纤维对芯纱的包缠就越紧密，但摩擦辊转速增加到一个临界值时，捻度不再增加而是有所下降，使纱线的毛羽增加。从纱强和毛羽的测试结果，最终选择 Y_3（即摩擦辊转速为7000r/min的复合纱）织制复合织物。

第三节　棉/不锈钢丝/PEG复合织物

一、棉/不锈钢丝/PEG复合织物的相变物质泄漏

图5-13显示了织物参数对复合织物相变物质泄漏的影响。图5-13（a）为不同纬密的复合织物中的PEG泄漏情况，当织物组织相同时，F_1、F_2、F_3 在80℃条件下放置30min后的泄漏百分比分别为2.48%、2.56%、3.518%，在80℃条件下放置60min后的泄漏百分比分别为5.79%、5.64%、6.03%，即纬密为50根/10cm和60根/10cm时，复合织物PEG泄漏情况相近，当纬密为70根/10cm时，泄漏百分比明显增加。这可能是因为高温条件下PEG发生固—液相变，从棉层的纤维间隙间泄漏出来，织物纬密越大，纬纱排列越紧密，使泄漏出的PEG在相邻纬纱间发生浸透，从而加剧泄漏过程。图5-13（b）为不同组织的复合织物中的PEG泄漏情况，当织物纬密相同时，F_2、F_4、F_5 在80℃条件下放置30min后的泄漏百分比分别为2.56%、2.40%、2.15%，在80℃条件下放置60min后的泄漏百分比分别为5.64%、2.94%、2.15%，

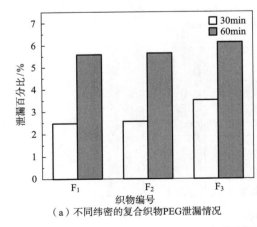

（a）不同纬密的复合织物PEG泄漏情况

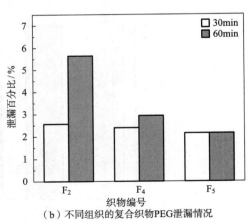

（b）不同组织的复合织物PEG泄漏情况

图5-13　织物参数对相变物质泄漏的影响

蓄热调温纺织材料

即平纹与斜纹、缎纹织物相比，在30min时的泄漏程度相近，而在60min时，斜纹、缎纹织物的泄漏百分比明显小于平纹织物，可能是因为斜纹和缎纹织物同平纹织物的结构不同，它们的浮长线更长，经纱更多浮于织物表面，纬纱藏于织物中，从而阻碍了PEG的外漏。总体来看，随着在高温下放置的时间增加，复合织物的泄漏百分比增加。图5-14（a）为30min时不同纬密的复合织物中的PEG泄漏污染物情况，从图中可以看出，F_1有少量泄漏痕迹，F_2泄漏痕迹明显，F_3泄漏痕迹最明显；图5-14（b）为60min时不同组织的复合织物中的PEG泄漏污染物对比，从图中可以看出，F_2泄漏痕迹明显，F_4、F_5几乎没有泄漏痕迹。图示泄漏情况与计算所得的泄漏百分比的结果一致。以上分析说明，纬密越大，相变物质泄漏越多。

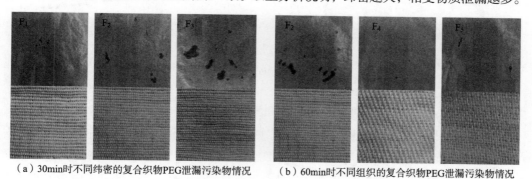

（a）30min时不同纬密的复合织物PEG泄漏污染物情况　　（b）60min时不同组织的复合织物PEG泄漏污染物情况

图5-14　相变物质泄漏的污染物情况

二、棉/不锈钢丝/PEG复合织物的升降温循环

图5-15显示了织物参数对复合织物升降温循环的影响。图中复合织物的升降温曲线都有一段平台区，这是因为达到了PEG2000的相变温度，PEG结晶熔融吸附热量，从而延缓了温度的上升。该复合织物平台区较短或不是很明显，可能是因为复合织物中含有不锈钢丝，金属丝温升较快，影响了PEG的相变过程。对比所有复合织物的升降温曲线可以发现，多数织物第一次升降温曲线与多次升降温循环后的曲线并未重合，这可能是因为复合纱结构的影响，PEG/C/SS中的棉纤维和不锈钢丝会减少PEG发生固—液相变时的流动，限制PEG相变过程中的自由运动，而在多次升降温循环后，PEG逐渐泄漏到外层，所以复合纱特殊的结构对PEG的束缚减小，使多次循环后织物的相变过程更加稳定。

图5-15（a）（b）为不同纬密的复合织物F_1、F_3升降温循环对比。图5-15（d）（e）（f）为不同组织的复合织物升降温循环对比。当织物纬密相同时，斜纹、缎纹织物的升温曲线波动小于平纹织物，斜纹、平纹织物的降温曲线波动小于缎纹织物。综合来看，斜纹织物的耐久性更好。F_6为空白样。当织物组织相同时，随织物纬密增大，织物循环不同次数后的升降温曲线波动变化不大。对比复合织物F_3［图5-15（b）］和空白样F_6［图5-15（f）］的升降温曲线，明显可以看出，F_6一直升温没有平台区，而且升降温过程

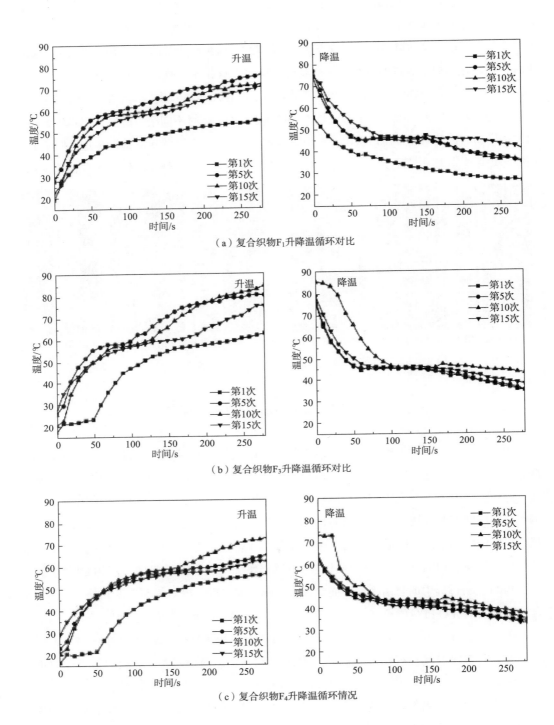

（a）复合织物F₁升降温循环对比

（b）复合织物F₃升降温循环对比

（c）复合织物F₄升降温循环情况

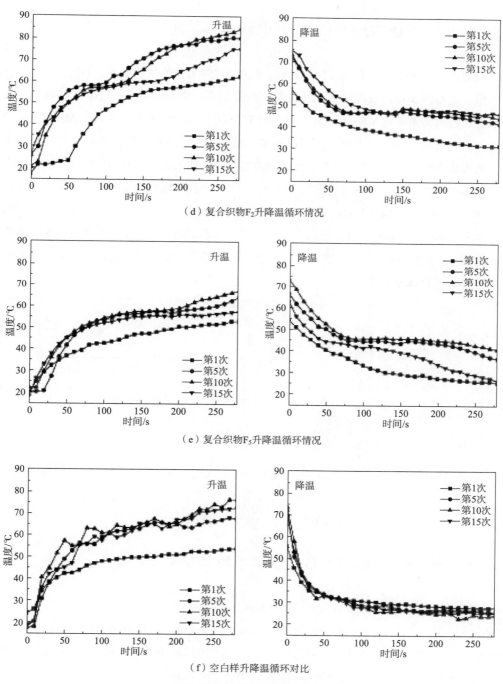

（d）复合织物F₂升降温循环情况

（e）复合织物F₅升降温循环情况

（f）空白样升降温循环对比

图5-15　织物升降温循环比较

中温度波动较大，这说明PEG的加入使复合织物具有良好的相变功能。

三、棉/不锈钢丝/PEG复合织物的热学性能

织物F_4和F_6的TG曲线见图5-16（a）。F_6约在294℃开始快速失重，且在350℃左右趋于平稳，这归因于棉纤维的降解，其失重率约为35%，剩余物质主要是不锈钢丝，还有少量残炭。F_4的失重有三个阶段：第1个阶段约在190℃开始快速失重，且在256℃左右趋于平稳，失重率约为23%，主要是PEG的降解；第2阶段在290℃左右，到361℃左右趋于平稳，其失重率约为36%；第3个阶段约在400℃开始快速失重，且在500℃附近基本完成分解，失重率约为13%，后两个阶段主要是棉纤维的降解，最后残余物为残炭和不锈钢丝。F_4的残余物质质量分数比F_6小，主要是因为F_6中不锈钢丝所占的质量比更大。复合织物的DSC曲线见图5-16（b）。复合织物在52.63℃处出现明显的熔融峰，对应的相变潜热值为26.36J/g，且在35.34℃处出现较为尖锐的结晶峰，对应的相变潜热值为52.74J/g，表明复合织物具有蓄热调温性能。

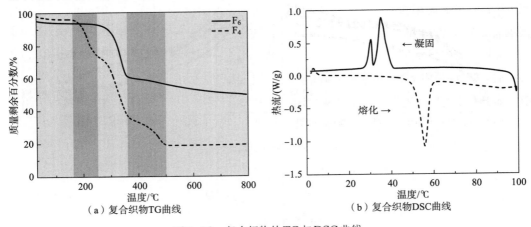

（a）复合织物TG曲线　　（b）复合织物DSC曲线

图5-16　复合织物的TG与DSC曲线

四、棉/不锈钢丝/PEG复合织物的热导率

图5-17（a）（b）分别为不同纬密和不同组织的复合织物的导热系数比较。当织物组织相同时，F_1、F_2、F_3的导热系数分别为0.261W/（m·K）、0.276W/（m·K）、0.281W/（m·K），三种纬密的织物导热系数比较接近；当织物纬密相同时，F_2、F_4、F_5的导热系数分别为0.276W/（m·K）、0.269W/（m·K）、0.260W/（m·K），三种组织的织物导热系数比较接近。可以认为织物纬密和组织对该复合织物的热传导性能影响不大。此外，从图中可看出，普通棉布的导热系数小于F_6，这可能是因为F_6中含有不锈钢丝。相变材料的导热率低，F_3中含有相变材料且F_3比F_6厚，由于纱线越粗，织物越厚，热量越不易透过，则导

热系数越小，故它的导热系数小于F_6。

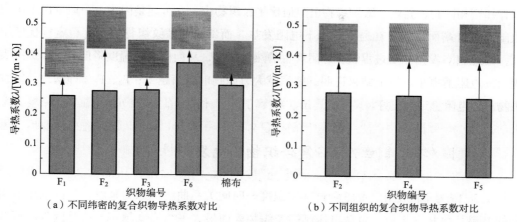

（a）不同纬密的复合织物导热系数对比 （b）不同组织的复合织物导热系数对比

图5-17　复合织物导热系数比较

五、棉/不锈钢丝/PEG复合织物的电阻及其稳定性

图5-18（a）为5种复合织物在不同电压下的电阻—时间关系曲线。从图中可以看出，通电状态下，当电压和通电时间保持恒定时，所有织物各个阶段的电阻变化趋势基本类似。仅连接电阻表时的电阻变化较大，加电压后电阻变化趋于稳定。这是因为当电路连通时，根据焦耳第一定律，电热织物可以产生热量，经过短暂的温升阶段后，织物逐渐进入稳态温度阶段。

图5-18（b）为5种复合织物在负载5V时的电阻值比较。对比织物F_1、F_2和F_3可知，即当织物组织相同时，随纬密增大织物电阻逐渐增大，这是因为织物内导电通道之间形成一个串联电路，纬密增加，相同的织物面积中，复合纱含量增加，从而导致电路总电阻变

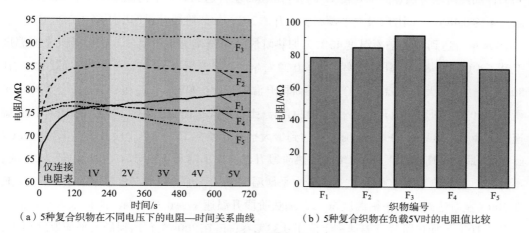

（a）5种复合织物在不同电压下的电阻—时间关系曲线 （b）5种复合织物在负载5V时的电阻值比较

图5-18　复合织物电阻值比较

大。这说明通过改变织物的纬密可实现对复合织物电阻的控制。对比织物F_2、F_4和F_5，当织物纬密相同时，斜纹、缎纹织物电阻值比平纹织物小，这可能是因为，一般情况下电阻值随温度升高而增大，在通电状态下电阻发热，而斜纹、缎纹织物的相变稳定性优于平纹，因此PEG发生相变过程吸收电阻产生的热量更多，从而使电阻温度降低更多，最终表现出的电阻值更小。以上结果说明，纬密越大，织物电阻值越大；F_4、F_5（即斜纹、缎纹织物）的电阻稳定性更好。

六、棉/不锈钢丝/PEG复合织物的电发热性能

图5-19为不同电压下的3种试样的温度—时间关系曲线。总的来看，不同电压下织物的升温趋势基本相似，负载电压越高，织物表面最大平衡温度越高，这是因为电压升高，通过电阻的电流增大，电阻发热量增多；当电压小于2V时，试样表面温度变化较小；当电压高于2V时，织物表面的温度变化显著。对比织物F_4、F_5和F_6可知，当电压小于4V时，试样在第20s时通电，通电后前30s内试样迅速升温，升温速率与电压成正比关系，此后复合织物升温逐渐趋于平缓，这是由于通电初期电阻的发热速率比散热速率大，随着复合织物温度的升高，散热速率逐渐增大，直至与发热速率相等，复合织物的温度不再上升，最后趋于稳定。当电压为5V时，织物F_4和F_5在升温过程中有相变过程发生，体现在升温曲线上的平台区和斜率陡增区。对比织物F_4、F_5和F_6可知，断开电源后，空白样F_6的温度迅速降至室温，而斜纹F_4和缎纹F_5在断电后并未立刻降温，而是缓慢降温，这是因为复合织物中PEG会通过释放热量缓和降温过程。这说明添加PEG后，可延长复合织物的发热时长，缓和断电过程温度骤变的情况。

进一步分析，负载电压为3V时，不含PEG的织物F_6在第70s左右达到最大平衡温度36℃，加热阶段升温速率为0.72℃/s；F_4在100s左右达到最大平衡温度38℃，加热阶段升温速率为0.48℃/s，比F_6最大平衡温度上升了2℃，加热阶段升温速率下降了0.24℃/s；F_5在100s左右达到最大平衡温度40℃，加热阶段升温速率为0.50℃/s，比F_6最大平衡温度上升了4℃，加热阶段升温速率下降了0.22℃/s。负载电压为4V时，不含PEG的织物F_6在80s左右达到最大平衡温度54℃，加热阶段升温速率为0.90℃/s；F_4在140s左右达到最大平衡温度50℃，加热阶段升温速率为0.42℃/s，比F_6最大平衡温度下降了4℃，加热阶段升温速率下降了0.48℃/s；F_5在160s左右达到最大平衡温度53℃，加热阶段升温速率为0.38℃/s，比F_6最大平衡温度下降了1℃，加热阶段升温速率下降了0.52℃/s。负载电压为5V时，不含PEG的织物F_6在100s左右达到最大平衡温度56℃，加热阶段升温速率为0.70℃/s；F_4在200s左右达到最大平衡温度66℃，加热阶段升温速率为0.37℃/s，比F_6最大平衡温度上升了10℃，加热阶段升温速率下降了0.33℃/s；F_5在200s左右达到最大平衡温度61℃，加热阶段升温速率为0.34℃/s，比F_6最大平衡温度上升了5℃，加热阶段升温速率下降了

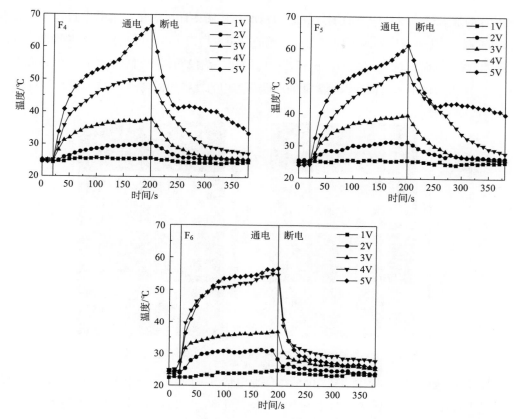

图5-19 不同电压下复合织物表面温度—时间关系

0.36℃/s。总体来看，含有PEG的织物比不含PEG织物的最大平衡温度更高，而加热阶段升温速率下降，这与各织物的电阻和导热系数相对应。此外，这些结果也表明，随负载电压增大，复合织物最大平衡温度逐渐增大，加热阶段升温速率逐渐下降；F_4的最大平衡温度和加热阶段升温速率更高，说明F_4具有良好的电热温升特性；F_4在负载电压大于4V时的温度可达50℃以上，可满足相变调温的温度要求。

七、棉/不锈钢丝/PEG复合织物的电热均匀性

图5-20为在3V外加电压下，织物F_4和F_6在通断电过程中不同时间点的红外热像图，图中标出了白色星状点处的温度。接通电源后，对比织物相同位置处的温度，在20s时F_4升温5.55℃，F_6升温5.05℃，二者电热响应速度相近，红外热像图的颜色迅速从黄色变为红色，接着红外热像图的颜色逐渐从红色变为白色，在60s时F_4温度比F_6要高1.51℃。断开电源后，对比织物相同位置处的温度，在20s时F_4降温4.8℃，F_6降温6.33℃，F_4的降温速率明显比F_6小，这与上述电发热性能测试结果一致，红外热像图的颜色逐渐从白色变为红色再变成黄色，在60s时F_4温度仅比F_6低0.07℃。这说明F_4与F_6的初始响应速度相近，

而PEG的加入可以缓解断电时温度骤降的情况。从图中还可看出，通断电过程中，含有PEG的织物F₄比空白样F₆表面温度发热区域的分布更均匀（图中即F₄的红外热像图中红白二色的分布），而F₆的均匀性明显比较差（F₆的红外热像图存在明显的黄色、红色和白色分区），即PEG的加入可以使织物表面的温度分布均匀性得到提高。

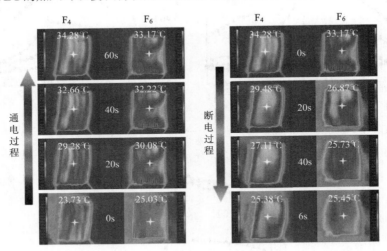

图5-20 3V外加电压下复合织物通电断电红外热像图（见文后彩图1）

图5-21为织物F₄和F₆在1V/20s的增幅通电情况下的红外热像图，图中标出了白色星状点处的温度。接通电源后，对比织物相同位置处的温度，在不同电压下的温度都比电热性能测试中达到的最大平衡温度低，这是因为此时拍照间隔时间为20s，织物还处于升温阶段。从0V增幅到1V，F₄织物表面温度增加0.02℃，F₆增加0.6℃；从1V增幅到2V，F₄织物表面温度增加2.68℃，F₆增加2.19℃；从2V增幅到3V，F₄织物表面温度增加7.3℃，F₆增加4.39℃；从3V增幅到4V，F₄织物表面温度增加3.10℃，F₆增加6.31℃；从4V增幅到5V，F₄织物表面温度增加6.64℃，F₆增加7.78℃。F₄在3V以下时，温度增幅逐渐增加；超过3V时，增幅陡然增大。这与电热性能测试的结果一致——当电压小于2V时，试样表

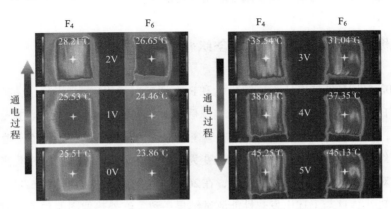

图5-21 复合织物通电断电红外热像图（见文后彩图2）

面温度变化较小；当电压高于2V时，织物表面的温度变化明显；当电压大于4V时，织物在达到稳态温度后由于相变材料PEG的响应，在某一时刻升温速率会陡然增大。从图中还可看出，电压增幅过程中，含有PEG的织物F_4比空白样F_6表面温度发热区域的分布更均匀（F_4的红外热像图中红白二色的分布），而F_6的均匀性明显比较差（F_6的红外热像图中存在明显的黄色、红色和白色分区），进一步证明PEG的加入可以显著提高织物的电热均匀性。

八、棉／不锈钢丝／PEG复合织物的电热耐久性

图5-22（a）为在3V的外加电压下对织物F_4通电3min、断电3min，重复10次后样品的温度—时间曲线。由于室温的变化使每次重复时试样的起始温度有差异，因此通过试样起始温度和最高温升来判断试样的可重复性和稳定性。第一次起始温度与最高温度相差12.8℃，第二次起始温度与最高温度相差11.6℃，第三次起始温度与最高温度相差10.7℃，第四次起始温度与最高温度相差10.7℃，第五次起始温度与最高温度相差11.9℃，第六次起始温度与最高温度相差12.1℃，第七次起始温度与最高温度相差14.3℃，第八次起始温度与最高温度相差13.4℃，第九次起始温度与最高温度相差11.5℃，第十次起始温度与最高温度相差11.6℃。可知重复10次中每一次的温度变化曲线波峰与波谷的差值在11～14℃，从图中也可以看出，织物每次重复的温度变化趋势基本一致，说明在重复的过程中织物的温度变化速率和温升范围基本相似，说明F_4呈现出稳定的电热性能。

为了进一步证明复合织物的电热耐久性，在3V的外加电压下对样品通电2min后断电2min，分别循环10次、20次、30次、40次、50次，记录循环结束时复合织物通断电的升降温情况，图5-22（b）为所得样品的温度—时间曲线。从图中可以看出，样品在循环通断电过程中的温度变化趋势稳定，通断电响应灵敏。循环10次在第150s左右达到最大平

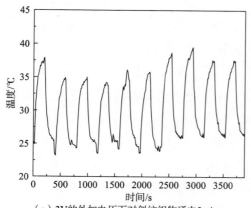

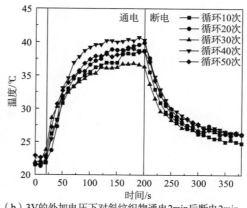

（a）3V的外加电压下对斜纹织物通电3min后断电3min，重复10次后样品的温度—时间曲线

（b）3V的外加电压下对斜纹织物通电2min后断电2min，分别循环10次、20次、30次、40次、50次，循环结束时对样品通电3min后断电3min，样品的温度—时间曲线

图5-22　复合织物稳定性和可重复性测试

衡温度 38.7℃，加热阶段升温速率为 0.30℃/s；循环 20 次在第 140s 左右达到最大平衡温度 40.3℃，加热阶段升温速率为 0.34℃/s；循环 30 次在第 120s 左右达到最大平衡温度 36.8℃，加热阶段升温速率为 0.37℃/s；循环 40 次在第 130s 左右达到最大平衡温度 40.7℃，加热阶段升温速率为 0.37℃/s；循环 50 次在第 130s 左右达到最大平衡温度 37.2℃，加热阶段升温速率为 0.34℃/s。在整个过程中织物温度变化速率相差 0.07℃/s，最大平衡温度相差 4℃左右，说明织物 F_4 在整个过程中始终保持几乎相同的温度变化速率和稳态温度，说明制备的样品具有很好的可重复性及耐久性。

第六章

其他蓄热调温纺织材料

一、相变微胶囊概述

相变材料根据环境温度的变化吸收外部热量或释放其中存储的热量，实现温度调节效果。而纯相变材料存在诸如泄漏、相分离、体积膨胀、热稳定性差和使用期间的腐蚀性等问题，限制了它们的使用。在20世纪后期，美国公司制备出可以交换热量的功能性微胶囊，并将这类胶囊通过后整理附着在纺织品上，使纺织品具有调温能力。相变微胶囊利用物理或化学的方式，用囊壁材料聚合包覆住具有特定相变温度的相变芯材料。微胶囊技术的最终成品是复合相变材料，该种材料的核—壳结构应十分稳定。所述核—壳结构的粒径一般在 $0.1 \sim 100\mu m$ 的范围内，囊壁厚度一般不超过 $10\mu m$，太厚会导致传热受阻，也不能不薄，过薄会使胶囊的强度和耐磨性能变差。相变微胶囊材料可通过吸收和释放热量来调节和控制材料周围环境的温度，相变微胶囊可以根据其施加环境的温度条件选择具有最佳相变温度的芯材料。

二、LA-SA/MMA 相变微胶囊的制备

（一）实验材料和仪器

药品：硬脂酸（SA）、月桂酸（LA）、吐温60、甲基丙烯酸甲酯（MMA）、聚乙烯醇、过硫酸铵、海立柴林黏合剂。

仪器：HH-4型数显恒温水浴锅，DF-101S型集热式恒温加热磁力搅拌器，JM-A10002型电子天平，FJ300-SH型数显高速分散均质机，SHZ-D Ⅲ型循环水真空泵，DHG-9030A型电热恒温鼓风干燥箱，PS-20A型精准数控超声波清洗机，UPH-Ⅰ-5/10/20t型UPH标准型超纯水器。

（二）制备工艺

制备过程如图6-1所示。

1. LA-SA 共熔物的配制

用天平分别称取月桂酸6.57g、硬脂酸1.43g（摩尔组成为 LA ：SA=6.5：1），将其混

合，并用玻璃棒不断搅拌。将混合后的LA-SA颗粒放入烘箱中，烘箱温度设置为80℃，烘燥时间2h。2h后取出共熔物，立即放入超声波中超声，水浴温度为60℃，超声时间5min。最后，将共熔物室温冷却，密封保存。

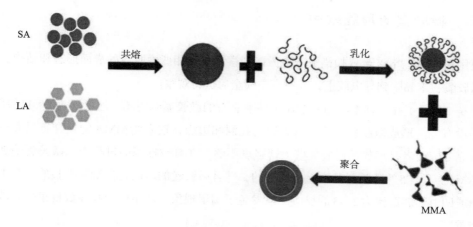

图6-1　LA-SA/PMMA相变微胶囊制备流程

2.共熔物的乳化

将水浴锅的温度设置为70℃，称取8g共熔物于三颈烧瓶中，将三颈烧瓶固定在水浴锅中，加热至共熔物固体全部融化。加入0.5g乳化剂吐温60，稳定剂聚乙烯醇0.4g，搅拌转子的速度设置为600r/min。将纯水机制备的去离子水加热到85℃，于滴定管中匀速滴入到乳液中，整个滴定过程时间控制在20～30min以内。将乳化仪的速度逐渐上升到5000r/min，将滴加完毕后的溶液乳化分散5min，得到LA-SA乳液。

3.制备微胶囊浊液

将乳液倒入三颈烧瓶中并搅拌5min。停止搅拌后，迅速加入1.4g的过硫酸铵，同时滴加甲基丙烯酸甲酯4～14g（每增加2g为一组），滴加速度控制在1～3g/min以内。滴毕后，立刻将三颈烧瓶移至温度为85℃的水浴锅中，并将搅拌转子速度提高到800r/min，加热搅拌反应2h，生成聚甲基丙烯酸甲酯（PMMA）。

4.相变微胶囊粉末制备

将微胶囊浊液移至烧杯中，在室温下干燥静置5h，浊液完全冷却沉淀后，取出浮在上层的未被包覆的LA-SA共熔物。将剩余的浊液倒入垫有滤纸的漏斗中，用循环水式真空泵抽滤机抽滤，抽干后得到滤饼。用镊子将滤饼取出，充分溶解于65℃的去离子水中，再次倒入漏斗进行抽吸。取出第二次抽滤后的滤饼，用少量常温去离子水洗净。将洗净的滤饼放入培养皿中，放入恒温烘燥箱中，在40℃烘干滤饼。烘燥结束后，将滤饼等分。在研磨皿中充分研磨。得LA-SA/PMMA相变微胶囊。

5.相变微胶囊/SMS织物

在烧杯中加入3%的扩散剂和聚乙烯醇，再倒入黏合剂UDT和一定比例的去离子水。

称取一定质量的微胶囊粉末，制备成梯度为10%、质量分数从10%到30%的相变微胶囊胶液。将微胶囊整理溶液涂覆在SMS布上，并在烘箱中在70℃的温度下干燥2h。

三、微胶囊的形貌结构

使用Phenom ProX台式扫描电子显微镜观察制备的相变微胶囊的表面形态和结构。将相变微胶囊粉末黏附到导电胶上，并在真空喷金后进行观察。

图6-2显示了在三种不同的芯壁比条件下制备的微胶囊电镜图。芯壁比为1:1的反应体系中没有完全形成微胶囊，并且有破碎的孔洞和边缘，这表明MMA的聚合有很大一部分没有完成，或者是形成的微胶囊壁太薄强度不够，在真空抽滤的过程中，微胶囊壁破裂了。芯壁比为4:5的微胶囊基本上是球形的，并且微胶囊的表面是光滑和平整的，几乎没有棱角或凹痕。芯壁比为2:3的反应体系发生了团聚现象，产生的微胶囊数目很少且破损十分严重。

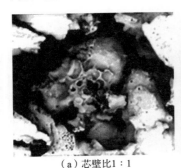 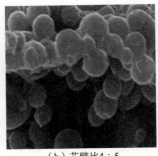 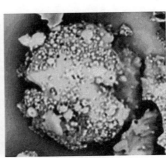

（a）芯壁比1:1　　　　　　（b）芯壁比4:5　　　　　　（c）芯壁比2:3

图6-2　三种芯壁比微胶囊的SEM图像（6000倍）

四、PSD粒度分析

利用激光粒度仪对制得的相变微胶囊粒径进行测量分析。在微胶囊粉末中加入一定量

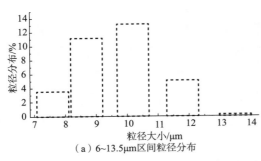 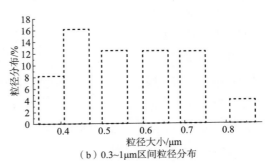

（a）6~13.5μm区间粒径分布　　　　　　（b）0.3~1μm区间粒径分布

图6-3　微胶囊粒度大小分布情况

分散剂与去离子水制得相变微胶囊分散液，装入石英比色皿中对其进行粒径测量。

由图6-3可以看出，LA-SA/PMMA微胶囊样品粒度分布图呈现出两个明显的区域，微胶囊的直径主要分布在0.3～1μm和6～13.5μm两个区间，经过计算，平均粒径比6μm还要低出0.04μm。通过粒度大小分布和与扫描电镜图片对比发现，粒径非常小的微胶囊约占33%，其直径一般在0.3～1μm内，平均粒径为0.39μm；直径6～13.5μm的微胶囊占了很大比重，达到了约67%，这部分的平均粒径为7.99μm。出现这种分布差异和粒径异常的原因，可能是微胶囊之间的团聚和黏附。

五、LA-SA/PMMA相变微胶囊的红外光谱分析

采用KBr压片法，检测LA-SA/PMMA相变微胶囊在400～4000cm^{-1}波数范围内的红外光谱图，结果如图6-4所示。

图中2953.6cm^{-1}处的峰对应甲基中的碳氢键不对称伸缩振动吸收峰，2856.1cm^{-1}对应中碳氢键的对称伸缩振动吸收峰，1737.3cm^{-1}对应酯基中的羰基伸缩振动吸收峰，1453.3cm^{-1}对应甲基中的碳氢不对称变形振动吸收峰，1187.1cm^{-1}、1151.3cm^{-1}处对应酯基中的碳氧单键的伸缩振动吸收峰，这些官能团与聚甲基丙烯酸甲酯PMMA的特征谱带相符合，证明微胶囊中壁材料的形成；1691.28cm^{-1}对应了羰基的特征峰；在3000cm^{-1}时，只有峰出现在了右侧，表明被测物质仅具有饱和的碳氢键，这与饱和脂肪酸如月桂酸、硬脂酸的结构一致。谱图在1660～1640cm^{-1}之间没有明显的吸收峰，表明没有碳碳双键的特征峰，说明甲基丙烯酸单体完全聚合。制备的微胶囊中含有脂肪酸和聚甲基丙烯酸甲酯的组分，并且微

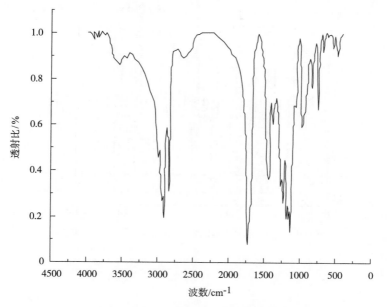

图6-4　LA-SA/PMMA相变微胶囊红外光谱图

胶囊在干燥过程中没有出现芯材的熔融溢出，这表明甲基丙酸甲酯聚合成了壁材料，并且脂肪酸被包封形成了微胶囊。

六、LA-SA/PMMA相变微胶囊的相变特征

通过DSC-204 F1差示扫描量热仪对相变囊芯LA-SA、LA-SA/PMMA相变微胶囊进行DSC测试。测试条件：使用氮气作保护气体，流速为20mL/min，每分钟升温10℃，起始温度为0℃，终止温度为100℃。

对LA-SA/PMMA微胶囊进行升降循环实验，一次循环分为两个阶段：第一个阶段是从10℃升温到60℃，第二个阶段是从60℃再降到10℃。

图6-5显示了相变微胶囊的DSC曲线，主峰代表芯材脂肪酸共熔物的固—液相变。起始曲线稳定，峰值起始温度36.5℃，峰值温度为41.1℃，终止温度为45.5℃，升温相变潜热为28.92J/g。包埋后相变温度、相变起始点、终点都略微减小，但变化不大。

图6-6显示了LA-SA/PMMA的DSC循环测试结果，从图中可以看出多次循环的峰形基本上可以重合，这表明LA-SA/PMMA相变微胶囊耐久性非常好，可以重复多次使用。

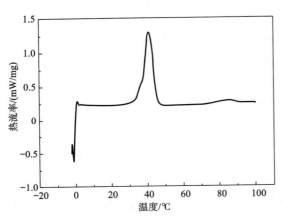

图6-5 相变微胶囊DSC相变潜热曲线

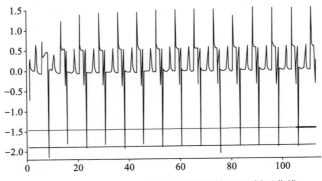

图6-6 LA-SA/PMMA相变微胶囊的DSC循环曲线

七、LA-SA/MMA 相变微胶囊的热重分析

LA-SA 相变微胶囊的耐热性试验通过热重分析仪 TG209F1 进行。氮气作为环境气体，升温速率 10℃/min，温度范围为 0~600℃。

图 6-7 为相变微胶囊的热失重曲线，由图可知从 138.7℃ 开始分解到 179.2℃，这是第一失重阶段，失重率为 6.4%，这个阶段的失重主要是由于芯材脂肪酸共熔物的分解和逸散。温度继续上升，直到 320.1℃ 时，样品质量减少了 42%，升温 95.5℃ 直到 415.6℃，样品全部分解失重，这个阶段失重曲线相比前一部分的斜率更大更为陡峭，说明失重速率加快。与无囊壁包被的共熔物热失重曲线相比，LA-SA/PMMA 相变微胶囊的热失重曲线相对平缓、热分解速率有所减小，芯材脂肪酸共熔物的耐热温度与直接使用时有所提高。这表明 PMMA 囊壁对芯材起到了一定的保护作用，有效地提高了微胶囊的热稳定性。

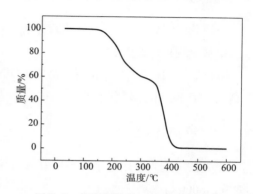

图 6-7　相变微胶囊 TGA 热失重图像

八、相变微胶囊/SMS 调温织物

将不同微胶囊含量的三种涂层织物和未涂覆的普通织物同时在 70℃ 的烘箱中烘干 1h。之后，迅速取出，并且每 10s 用 FLIR 热成像相机测量织物的表面温度，直到织物降至室温，并绘制冷却曲线，结果如图 6-8 所示。

原织物的降温曲线陡峭，但是加入了微胶囊的调温织物，会在降温过程中与外界环境进行热量交换，其降温曲线明显更加平缓，在 LA-SA 相变芯材的相变温度附近出现拐点，在 38~42℃，符合 DSC 测出的数值。随着涂层中微胶囊的含量增加，曲线的斜率减小，即冷却速率逐渐降低。当温度降到室温左右时，调温织物表面的温度始终略高于未经过整理的织物。这是由于温度降低时，LA-SA 芯材由液相变为固相，向外界环境放出热量。综上所述，经过 LA-SA/PMMA 微胶囊整理后的织物具有良好的蓄热和温度调节能力。

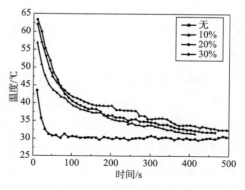

图 6-8　调温织物降温曲线

一、海绵基光热复合相变材料的制备

（一）实验材料和仪器

药品：PEG-6000、三聚氰胺海绵（MS）、碳化锆（ZrC)、聚氨酯颗粒（PU）、N，N-二甲基甲酰胺、去离子水。

仪器：HH-2型数显恒温水浴锅，DF-101S型集热式恒温加热磁力搅拌器，PTT-A500型电子天平，电热鼓风干燥箱。

（二）制备工艺

先按一定质量用电子天平称取剪切好的海绵（8mm×2mm×2mm），按一定比例称取PEG-6000与去离子水加入烧杯中。将烧杯放入设定温度为70℃的恒温水浴锅中加热。加热至聚乙二醇完全溶解后，在烧杯中加入转子放在磁力搅拌器上搅拌一定时间，使溶液均匀。将海绵完全浸入烧杯中，加转子在磁力搅拌器上加热搅拌10min。待吸附完全后将海绵全部取出干燥。等完全干燥后，将材料放入配制好的浓度为5%的聚氨酯溶液中进行包覆，静置10s后取出干燥，海绵基光热复合相变材料的制备完成，标记为PEG@MS@PU。在聚氨酯溶液中加入ZrC时，制得的样品为PEG@MS@PU/ZrC。

二、海绵基光热复合相变材料的相变特征

（一）PEG@MS@PU的相变特征

将制得的不同PEG含量的海绵基复合相变材料进行DSC测试，结果如图6-9和表6-1所示。

由图6-9和表6-1可知，所有复合材料在加热过程都有明显的相变过程，各样品的熔融焓值分别为16.56J/g、69.908J/g、131.18J/g、78.056J/g（表6-1），其中80%PEG复合相变材料的焓值最高，远高于PEG为100%时的样品，这可能是高浓度导致PEG浸渍困难，负载较少。各材料的熔融温度为59～62℃，接近纯PEG的熔点温度56～63℃，各材料的相变起始温度和终止温度没有明显差，且峰值都在60℃附近。

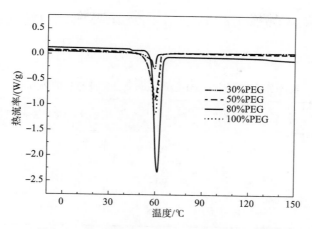

图6-9　不同浓度PEG复合相变材料的DSC图

表6-1　不同浓度PEG材料的热性能

PEG含量	融化焓/（J/g）	T/℃
30%PEG	16.56	59.55
50%PEG	69.908	59.4
80%PEG	131.18	61.68
100%PEG	78.056	59.83

（二）PEG@MS@PU/ZrC的相变特征

不同ZrC含量的PEG@MS@PU/ZrC的DSC曲线如图6-10所示，其相变参数如表6-2所示。可以观察到，所有样品都有明显的吸热和放热过程，且吸热和放热峰的位置几乎相同，熔化和结晶峰值温度分别为64℃和35℃。虽然ZrC含量对相变温度影响不大，但三者的热熔值不同。随着ZrC含量从1%增加到5%，熔化热分别为148.6J/g、172.6J/g和

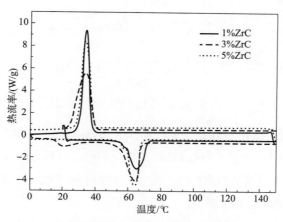

图6-10　不同浓度碳化锆封装的复合相变材料的DSC图

186.5J/g，结晶潜热分别为145J/g、168.8J/g、177.4J/g，潜热的增加可能是纳米粒子表面更有于PEG的吸附。

表6-2　不同浓度碳化锆封装的复合相变材料的热性能

ZrC含量	融化焓/（J/g）	$T/\text{℃}$	结晶焓/（J/g）	$T/\text{℃}$
1%ZrC	148.6	65.1	145	35.1
3%ZrC	172.6	63.5	168.8	35.7
5%ZrC	186.5	63.8	177.4	35.1

三、海绵基光热复合相变材料的热重分析

在电子天平上称取5mg的样品，放于小坩埚内进行密封。将制备好的实验样品放入热重分析仪的样品室中，以150mL/min的速率通入空气。程序控温，以一定的升温速率达到105℃，之后在105℃保温5~10min；以相同的升温速率从105℃升温，升温至800℃，得到PEG@MS@PU的TG曲线，如图6-11所示。

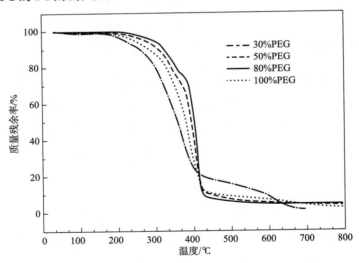

图6-11　PEG浓度对PEG@MS@PU热稳定性的影响

从图6-11可以看出，PEG含量在50%~100%的复合相变材料的重量损失（约88%）发生在170~420℃之间，代表了PEG和MS的氧化和燃烧过程，PEG含量为30%的复合材料在主要降解阶段的重量损失约为75%，这个可能跟海绵中PEG的含量较低有关。PEG含量较高的复合材料的热稳定总体类似。

各个样品的泄漏百分比数据如表6-3所示。

表6-3　不同PEG含量的PEG@MS@PU的泄漏测试数据

样品	5min	15min	30min	60min
30%PEG	0.5%	0.8%	0.7%	0.7%
50%PEG	6.6%	6.8%	7%	7.2%
80%PEG	2.2%	3.8%	4.8%	4.9%
100%PEG	0.4%	0.4%	0.9%	1%

四、海绵基光热复合相变材料的泄漏特征

在电子天平上称取1g的样品，然后将样品放于滤纸上。将其放置于设定温度为80℃的烘箱中进行加热，在5min、15min、30min、60min的各个时间点取出样品进行称重。每次将样品静置降温到室温后再进行称重，记录质量，根据实验前后样品的质量差与初始质量的比值计算各个样品的泄漏百分比，取3次测量的平均值。各个样品的泄漏百分比数据如下表6-4所示。

表6-4　不同PEG含量的PEG@MS@PU的泄漏百分比

PEG含量	5min	15min	30min	60min
30%	0.5%	0.8%	0.7%	0.7%
50%	6.6%	6.8%	7%	7.2%
80%	2.2%	3.8%	4.8%	4.9%
100%	0.4%	0.4%	0.9%	1%

加热后，多数样品都发生了重量损失。随着时间的延长，泄漏量缓慢增加，直到达到平衡。当PEG浓度从30%变化到100%时，PEG@MS@PU的泄漏率分别为0.7%、7.2%、4.9%和1.0%。对于30%PEG@MS@PU，质量损失仅为0.7%，这可能与PEG质量分数小有关。对于PEG含量在50%~100%的PEG@MS@PU复合相变材料来说，因为薄的PU涂层在从固体到液体的相变过程中无法抵抗PEG的体积膨胀，导致PEG泄漏。泄漏率达到平衡表明，延长加热时间后没有进一步泄漏，这说明PEG@MS@PU的密封性能尚好。

综合比较，80%PEG@MS@PU由于PEG的高包封效率（热熔值131.2J/g）和相对较小的泄漏率，在后续实验中选用含量为80%的PEG进行海绵基光热复合相变材料的制备。

不同ZrC含量的海绵基光热复合相变材料的泄漏率如表6-5所示。

表6-5　不同ZrC含量的PEG@MS@PU／ZrC的泄漏率

ZrC含量	5min	15min	30min	60min
0	2.2%	3.8%	4.8%	4.9%
1%	1.3%	2.0%	2.7%	3.4%
3%	1.2%	1.5%	2.2%	2.8%
5%	0.2%	0.6%	1.2%	1.7%

由表6-5可知，随着时间的推移，各样品的质量损失逐渐增加，而增加速度在60min时有所减缓。此外，泄漏率随着ZrC含量的增加而降低。当ZrC含量从0%变化到5%时，PEG@MS@PU／ZrC在60min的泄漏率分别为4.9%、3.4%、2.8%和1.7%，这表明添加ZrC纳米粒子有利于获得形状稳定的PCM复合材料。在后续可靠性测试中选择80%PEG@MS@PU／5%ZrC。

五、海绵基光热复合相变材料的红外光热性能

使用FLIR-E8型红外摄像机对海绵基光热复合相变材料进行红外光热性能测试。将不同比例海绵基光热复合相变材料的样品分别置于红外灯下的同一位置。在红外灯下，样品与红外线照相机之间的垂直间距为25cm，而红外线光与试样之间的垂直间距为30cm。用红外线光源对试样进行5min的照射，加热结束后，将热源移除，使其冷却10min。在升温到降温的期间，每隔5s对样品表面的温度进行一次读数并记录。

各相变复合材料（PEG@MS，PEG@MS@PU，PEG@MS@PU／ZrC）光照300s前后的温度如表6-6所示，升降温曲线如图6-12所示。

从表中数据可以看到，在红外灯的照射下，未加ZrC的海绵基相变复合材料的最高温度为38.8℃，而添加了碳化锆的海绵基复合相变材料的最高温度可达54.9℃，明显比PEG@MS和PEG@MS@PU高，这表明碳化锆具有更好的光热转换效果，可为相变材料提供热源。

表6-6　不同海绵基复合相变材料的红外光照5min温度

样品	初始温度／℃	光照300s后的温度／℃
80%PEG@MS	28.1	37.8
80%PEG@MS@PU	28.0	38.8
80%PEG@MS@PU／1%ZrC	28.2	54.3
80%PEG@MS@PU／3%ZrC	28.1	53.7
80%PEG@MS@PU／5%ZrC	28.2	54.9

从图6-12可以看到，PEG@MS和PEG@MS@PU的温度变化曲线相似，经过300s的照射后，两个最高温度均达到约38℃，表明PU涂层对光热转换的影响很小。添加ZrC后，在红外光照射下PEG@MS@PU/ZrC的温度迅速增加，在光照300s后达到约54℃，比没有ZrC的复合材料高16℃，添加ZrC后，海绵基复合相变材料的光热转换性能明显提高。此外，PEG@MS@PU/ZrC的温度达到约50℃时，曲线斜率开始减慢，这与PEG 6000的固液相变有关，因为DSC分析显示PEG 6000在约50℃时开始结晶熔融，表明发生了热能储存。移除红外灯后，所有复合材料的温度迅速下降，并在400s内降至约30℃，PEG@MS@PU/ZrC的温度降至约40℃时，降温速度减慢，出现冷却平台，这与PEG的结晶和热能释放有关。

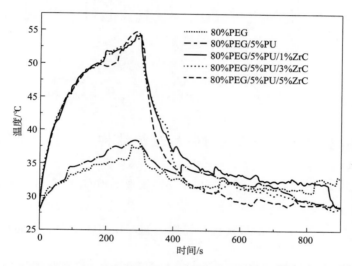

图6-12   不同海绵基复合相变材料的升温降温曲线

六、海绵基光热复合相变材料的导热系数

通过KWDRE-2A型导热系数测试仪对PEG@MS、PEG@MS@PU、PEG@MS@PU/ZrC海绵基光热复合相变材料的导热系数进行测量，5次测量结果的平均值如图6-13所示。

由图可知，80%PEG@MS@PU的热导率为0.101W/mk，ZrC含量为1%~5%的80%PEG@MS@PU/ZrC复合相变材料的导热系数分别为0.124、0.134和0.135W/mk，分别净增22.8%、32.7%和33.7%。热导率的提高是由于添加了ZrC纳米粒子，ZrC纳米粒子具有高导电性，从而提高了PEG@MS@PU复合材料的热传输性能。然而，与PEG@MS的热导率（0.212 W/mk）相比，所有PEG@MS@PU复合材料由于聚氨酯的增加而表现出更低的传热速率，这有利于减少热损失和提高隔热性能。

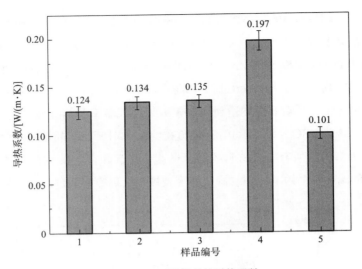

图6-13　不同样品的导热系数

注　样品编号中1为80%PEG@MS@PU/1%ZrC，2为80%PEG@MS@PU/1%ZrC，
3为80%PEG@MS@PU/1%ZrC，4为80%PEG@MS，5为80%PEG@MS@PU。

七、海绵基光热复合相变材料的形貌结构

使用JSM-7800/JSM-IT300型扫描电子显微镜观察PEG@MS@PU和不同ZrC含量的PEG@MS@PU/ZrC复合相变材料的表面和横断面，所得SEM图如图6-14和图6-15所示。

如图6-14（a）所示，MS呈现出相互连接的多孔结构，表面上的孔通向MS内部，

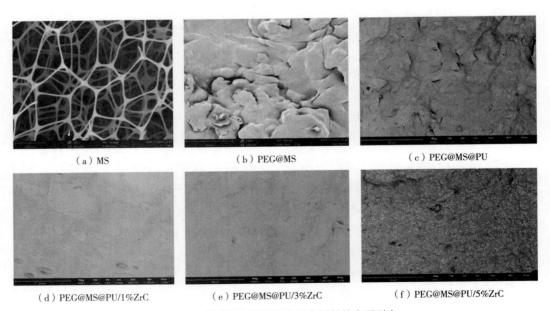

（a）MS　　　　　　　　（b）PEG@MS　　　　　　　　（c）PEG@MS@PU

（d）PEG@MS@PU/1%ZrC　　　（e）PEG@MS@PU/3%ZrC　　　（f）PEG@MS@PU/5%ZrC

图6-14　海绵及海绵基复合相变材料的表面形态

蓄热调温纺织材料

形成空间层次网络，其平均孔径约为154μm，这将有利于PEG的吸附和固定。PEG浸渍后，MS中的孔被PEG覆盖，看不清，如图6-14（b）所示PEG@MS呈现出粗糙的表面。PEG@MS@PU［图6-14（c）］显示出类似的粗糙表面，这表明PU涂层非常薄。图6-14（d）~（f）显示了不同ZrC含量的PEG@MS@PU/ZrC的表面，其粗糙度比PEG@MS@PU要小，可以观察到ZrC纳米粒子均匀地掺杂到复合材料的表面，随着碳化锆含量的增加，颗粒在表面上变得更加明显［图6-14（f）］。

图6-15（a）~（d）显示了PEG@MS@PU和PEG@MS@PU/ZrC的横断面，表明所有复合相变材料的截面轮廓都很紧凑，MS的孔隙填充有PEG。

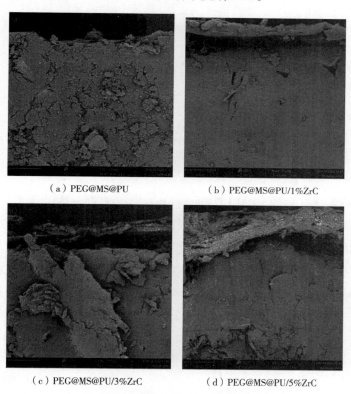

（a）PEG@MS@PU　　　　　　　　（b）PEG@MS@PU/1%ZrC

（c）PEG@MS@PU/3%ZrC　　　　　　（d）PEG@MS@PU/5%ZrC

图6-15　海绵基复合相变材料的横断面形貌

八、海绵基光热复合相变材料的热稳定性

分别称取1g的海绵基复合相变材料样品放入垫有滤纸的培养皿中，在设定温度为80℃的烘箱中进行加热，保温一段时间后取出样品。待样品温度恢复等室温后再放入烘箱中进行加热。如此升温降温循环50次后，对样品进行光热性能测试，将样品分别置于同一位置，红外灯与试样的垂直间距为25cm，红外线照相机与试样的竖直距离为30cm。用红外灯对试样照射5min，然后移开灯源，放置10min。在加热至冷却过程中，试样表面温度每

5s读数一次并记录，整理好数据后，进行升降温曲线图的绘制，结果如图6-16所示。很明显，海绵基复合相变材料在第1次和第50次循环时的温度上升和下降曲线几乎一致，其峰值温度分别为54.9℃和55.4℃，这表明80%PEG@MS@PU/5%ZrC复合材料具有优异的耐久性和循环稳定性。

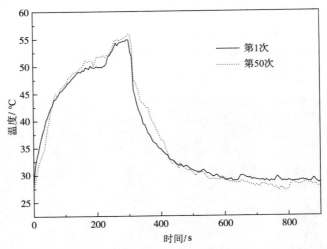

图6-16　80%PEG@MS@PU/5%ZrC在不同循环次数的升降温曲线

将50次升降温循环后的80%PEG@MS@PU/5%ZrC进行DSC测试，观察其相变行为和特征参数。结果如图6-17和表6-6所示。经过50次循环测试，80%PEG@MS@PU/5%ZrC在加热和冷却过程中的相变温度没有显著变化。这些结果表明，在高温下可以获得良好的热循环稳定性海绵基复合相变材料。如表6-6所示，在第50次循环后，结晶和熔融温度分别为32.5℃和61.1℃，结晶和熔化的潜热分别为182.1J/g和184.9J/g。显然，

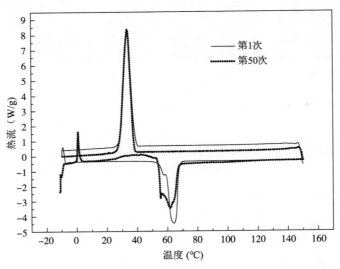

图6-17　80%PEG@MS@PU/5%ZrC在不同循环次数的DSC曲线

第1次循环和第50次循环之间的潜热变化小于3%，这表明该复合材料具有优良的储热和热释放能力以及可重复使用性。

表6-6 80%PEG@MS@PU/5%ZrC在不同循环次数的相变参数

循环次数	熔融温度/℃	融化焓/（J/g）	结晶温度/℃	结晶焓/（J/g）
第1次	63.8	186.5	35.1	177.4
第50次	61.1	184.9	32.5	182.1

参考文献

［1］GONG Z，MUJUMDAR A S. Thermodynamic optimization of the thermal process in energy storage using multiple phase change materials［J］. Applied Thermal Engineering，1997，17（11）：1067-1083.

［2］JIAN F，GUANG M，FEI Z.Study on phase change temperature distributions of composite PCMs in thermal energy storage［J］. International Journal of Energy Research，1999，23（4）：287-294.

［3］贺岩峰，张会轩，燕淑春. 热能储存材料研究进展［J］. 现代化工，1994（8）：8-12.

［4］LIM J S，FOWLER A J，BEJAN A. Spaces filled with fluid and fibers coated with a phase change material［J］. Journal of Heat Transfer，ASME，1993，115（4）：1044-1050.

［5］GONG Z，MUJUMDAR A S. Finite-element analysis of cyclic heat transfer in a shell-and-tube latent heat energy storage exchanger［J］. Applied Thermal Engineering，1997，17（6）：583-591.

［6］INADA H，YONEDA A，HORIBE A. High density polyethylene as a thermal energy storage materials［J］. Nippon Kikai Gakkai Ronbunshu，13-hen，1997，63（605）：282-289.

［7］DINKER A，AGARWAL M，AGARWAL G D. Heat storage materials，geometry and applications：a review［J］. Journal of the Energy Institute，2017，90（1）：1-11.

［8］SARBU L，ALEXANDRU D. Review on heat transfer analysis in thermal energy storage using latent heat storage systems and phase change materials［J］. International Journal of Energy Research，2019，43（1）：29-64.

［9］BUGAJE I M. Enhancing the thermal response of latent heat storage systems［J］. International Journal of Energy Research，1997（21）：759-766.

［10］HALL C A，GLAKPE E K，CANNON J N. Modeling cyclic phase change and energy storage in solar heat receivers［J］. Journal of Thermophysics and Heat Transfer，1998，12（3）：406-413.

［11］SAITOH T S，HOAHI A. Experimental Investigation on combined close-contact and natural convection melting in horizontal cylindrical and spherical capsules［J］. Proceedings of the 31st Intersociety Energy Conversion Engineering Conference，1996（31）：2090-2094.

［12］YAMAGISHI Y，SUGENO T，ISHIGE T. An evaluation of microencapsulated PCM for use in cold energy transportation medium［J］. In Proceeding of the International Energy Conversion Engineering，Washington，1996：2077-2083.

［13］BENSON D K，BURROWS R W，WEBB J D. Solid state phase change transition in PE and related polyhydric alcohols［J］.Solar Energy Materials，1986（13）：133-152.

［14］BARRIO M，FONT J，MUNTASELL J. Applicability for heat storage of binary systems of NPG，PG and PE：a comparative analysis［J］. Solar Energy Materials，1988（18）：108-115.

［15］CHARACH C. Second-law efficiency of an energy storage-removal cycle in a phase change material shell-and-tube heat exchanger［J］. Journal of Solar Energy Engineering，1993（115）：240-243.

［16］SON C H，MOREHOUSE J H. An experimental investigation of solid-solid phase change materials for solar thermal storage［J］. Journal of Solar Energy Materials，1991（133）：244-249.

［17］HAN S，KIM C，KWON D. Thermal/oxidative degradation and stabilization of polyethylene glycol［J］. Polymer，1997，38（2）：317-323.

［18］LUCIA M D，BEJAN A. Thermodynamics of phase change energy storage：the effects of fluid superheating during melting and irreversibility during solidification［J］. Journal of Solar Energy Engineering，1991（113）：2-10.

［19］LIANG X H，GUO Y Q，GU L Z，DING E Y. Crystalline-amorphous phase transition of a poly（ethyleneglycol）/cellulose Blend［J］. Macromolecules，1995（28）：6551-6555.

［20］HARLAN S L. A new concept in temperature-adaptable fabrics containing PEG for skiing-like activities［J］. ACS Symp Ser，1991，457（High Tech Fiber Mater）：248-259.

［21］BRUNO J S，VIGO T L. Dyeing of cotton / polyether blends in the presence or cross-linked poly-ols［J］. American Dyest Report，1994，83（2）：34-37.

［22］张寅平，胡汉平，孔祥冬，等. 相变贮能理论和应用［M］. 合肥：中国科学技术大学出版社，1996：9-22.

［23］张萍丽，刘静伟. 相变材料在纺织服装中的应用［J］. 上海纺织科技，2002（10）：47-48.

［24］张正国，文磊，方晓明. 复合相变储热材料的研究与发展［J］. 化工进展，2003，22（5）：462-465.

［25］ASAJI K. Microcapsule processing and technology［M］. New York and Basel：Marcel Dekker Inc，1980.

［26］COLVIN D P. Enhanced thermal management using encapsulated phase change materials，an overview［C］. New York：American Society of Mechanical Engineers. Advances in Heat and Mass Transfer in Biotechnology，ASME，1999，363（44）：199-206.

［27］BRYANT Y G. Melt spun fibers containing microencapsulated phase change material［J］. New York：American Society of Mechanical Engineers. Advances in Heat and Mass Transfer in Biotechnology，1993，363（44）：225-234.

［28］MICHELLE M. Outlast the weather with this new temperature-regulating technology［J］. ATI，2002（4）10：3.

［29］VIGO T L，FROST C M，BRUNO J S，et al. Temperature adaptable textile fibers and method of preparing same：071055476［P］. 1989-07-25.

参考文献

187

［30］TYRONE L，FROST C E. Temperature-sensitive hollow fibers containing phase change salts［J］. Textile Research Institute，1982（10）：633-637.

［31］李发学，张广平，俞建勇. 三羟甲基乙烷/新戊二醇二元体系填充涤纶中空纤维的研究［J］. 东华大学学报（自然科学版），2003，29（6）：15-22.

［32］VIGO T L，BRUNO J S. Temperature adaptable textile containing durable bound polyethylene glycol［J］. Textile Research Journal，1987，32（7）：427-429.

［33］VIGO T L. Intelligent fibrous substrates with thermal and dimensional memories［J］. Polymers for Advanced Technologie，1997，8（5）：281-288.

［34］姜勇，丁恩勇，黎国康. 相变储能材料的研究进展［J］. 广州化学，1999（3）：48-54.

［35］郭元强. 聚乙二醇/二醋酸纤维素共混物的相变行为［J］. 高分子材料科学与工程，2003，19（5）：149-153.

［36］张梅，那莹. 接枝共聚法制备聚乙二醇（PEG）/聚乙烯醇（PVA）高分子固-固相变材料性能研究［J］. 高等学校化学学报，2005，26（1）：170-174.

［37］姜勇，丁恩勇，杨玉芹，等. 化学法和共混法制备的PEG/CDA相变材料的性能比较［J］. 纤维素科学与技术，2000，8（2）：36-42.

［38］VIGO T L，FROST C M. Temperature-adaptable fabrics［J］. Textile Research Journal，1986（12）：737.

［39］STEVEN L.A new concept in temperature-adaptable fabrics containing polyethylene glycols for skilling and skilling-like activities，in ACS symposium series No. 457［J］. High-Tech Fibrous Materials（T. L. Vigo and A. F. Turbak，eds.）AM. Chem. Soc.，Washington，D. C.，1991：248-259.

［40］ZHANG X X. Heat-storage and thermo-regulated textiles & clothing［M］. TAO X. Smart fibers，fabrics and clothing（Chapter3）. Cambridge，UK：Woodhead Publishing Ltd，2001.

［41］HADJIEVA M，STOYKOV R，FILIPOVA T Z. Composite salt-hydrate concrete system for building energy storage［J］. Renewable Energy，2000（19）：111-115.

［42］XAVIER P.Regis Olives and sylvain mauran［J］. International Journal of Heat and Mass Transfer，2001，44（14）：2727-2737.

［43］INABA H，TU P. Heat and transfer［J］. Heat Transfer Research，1997（32）：307-312.

［44］YE H，GE X. Preparation of polyethylene-paraffin compound as form-stable solid-liquid phase change material［J］. Solar Energy Materials and Solar Cells，2000，64（1）：37-44.

［45］XIAO M，BO F，GONG K. Thermal performance of a high conductive shape-stabilized thermal storage material［J］. Solar Energy Materials and Solar Cells，2002，43（1）：103-108.

［46］林怡辉，张正国，王世平. 溶胶凝胶法制备新型蓄能复合材料［J］. 太阳能学报，2001，22（3）：334.

［47］张仁元，柯秀芳，李爱菊. 无机盐/陶瓷基复合储能材料的制备和性能［J］. 材料研究学报，2000，14（6）：652.

［48］蒋长龙，于少明，李忠，等. 三轻甲基氨基甲烷/蒙脱土纳米复合贮能材料研究［J］. 化工新型材料，2003，31（11）：29.

［49］陈栋，孙国梁，等. 相变储能材料的研究进展及其在建筑领域的应用［J］. 佛山陶瓷，2008，18（4）：37-40.

［50］HAWESDW，BANU D，FELDMAN D.Latent heat storage in concrete［J］. SOL Energy Mater，1990，21（1）：61-80.

［51］XIE P，YAN H，YU R. Recent progress in solid-liquid shape-stabilized phase change materials［J］. China Storage & Transport，2012（11）：59-61.

［52］SU J，LIU P. A novel solid-solid phase change heat storage material with polyurethane block copolymer structure［J］. Energy Conversion and Management，2006，47（18-19）：3185-3191.

［53］WANG X，LU E，LIN W，et al. Micromechanism of heat storage in a binary system of two kinds of polyalcohols as a solid-solid phase change material［J］. Energy Conversion and Management，2000，41（2）：135-144.

［54］李爱菊，张仁元，黄金. 定形相变储能材料的研究进展及其应用［J］. 新技术新工艺，2004（2）：45-48.

［55］LI，ZHANG，ZHANG，et al. Study of solid-solid phase change for thermal energy storage［J］. Thermochimica Acta，1999，326（1-2）：183-186.

［56］YE H，GE X. Preparation of polyethylene-paraffin compound as a form-stable solid-liquid phase change material［J］. Solar Energy Materials and Solar Cells，2000，64（1）：37-44.

［57］AHMET S. Form-stable paraffin/high density polyethylene composites as solid-liquid phase change material for thermal energy storage：preparation and thermal properties［J］. Energy Conversion and Management，2004，45（13-14）：2033-2042.

［58］田胜力，张东，肖德炎. 硬脂酸丁酯/多孔石墨定形相变材料的实验研究［J］. 节能，2005（11）：5-6.

［59］同济大学. 建筑用相变储能复合材料及其制备方法：中国，03116286.X［P］. 2003-10-22.

［60］蒋运运，张玉忠，郑水林. 复合材料的制备与应用研究［J］. 中国非金属矿工业导刊，2011，89（3）：4-7.

［61］吴晓森，张学鳌，刘长利，等. 微胶囊相变材料的研究进展［J］. 化学世界，2006，47（2）：108-112.

［62］PASUPATHY A，VELRAJ R，SEENIRAJ R V. Phase change material-based building architecture for thermal management in residential and commercial establishments［J］. Renewable and Sustainable Energy Reviews，2008，12（1）：39-64.

［63］张静，丁益民，陈念贻. 以棕榈酸为基的复合相变材料的制备和表征［J］. 盐湖研究，2006，14（1）：9-13.

［64］林怡辉，张正国，王世平. 硬脂酸-二氧化硅复合相变材料的制备［J］. 广州化工，2002，30（1）：18-21.

［65］HAWES D W，FELDMAN D. Absorption of phase change materials in concrete［J］. Solar Energy Master Solar Cell，1992（27）：91-101.

［66］吕石磊. 脂酸类相变材料在节能建筑中应用的可行性研究［J］. 沈阳建筑大学学报，2006（1）：129-132.

［67］张寅平，朱颖心，王馨. 医用降温防护服热性能与应用效果研究［C］. 暖通空调SARS专辑.

［68］陈云博，朱翔宇，李祥，等. 相变调温纺织品制备方法的研究进展［J］. 纺织学报，2021，42（1）：167-174.

［69］姚连珍，杨文芳，梁庆忠. 蓄热调温纺织品的研究进展［J］. 印染助剂，2013，30（12）：1-4.

［70］张鹏，余弘，李卫东，等. 新型保温调温纺织品及其检测方法［J］. 纺织检测与标准，2018（1）：6-9.

［71］吴超，邹黎明，张绳凯，等. PA6/CPCM 储能调温纤维的制备及表征［J］. 合成纤维工业，2015（2）：14-18.

［72］KE H. Preparation of electrospun LA-PA/ PET/ Ag form-stable phase change composite fibers with improved thermal energy storage and retrieval rates via electrospinning and followed by UV irradiation photoreduction method［J］. Fibers and Polymers，2016，17（8）：1198-1205.

［73］SUN S X，XIE R，WANG X X，et al. Fabrication of nanofibers with phase-change core and hydrophobic shell，via coaxial electrospinning using nontoxic solvent［J］. Journal of Materials Science，2015，50（17）：5729-5738.

［74］CAI Y B，SUN G Y，LIU M M，et al. Fabrication and characterization of capric-lauric-palmitic acid/electrospun SiO_2 nanofibers composite as form-stable phase change material for thermal energy storage/retrieval［J］. Solar Energy，2015（118）：87-95.

［75］陆源，郁昌梦，齐帅，等. 静电纺丝用于制备有机相变储热纤维的研究进展［J］. 新能源进展，2018，6（5）：439-447.

［76］QIAN T，ZHU S，WANG H，et al. Comparative study of single-walled carbon nanotubes and graphene nanoplatelets for improving the thermal conductivity and solar-to-light conversion of PEG-infiltrated phase-change material composites［J］. ACS Sustainable Chemistry & Engineering，2019，7（2）：2446-2458.

［77］CAO R，CHEN S，WANG Y，et al. Functionalized carbon nanotubes as phase change materials with enhanced thermal，electrical conductivity，light-to-thermal，and electro-to-thermal performances［J］. Carbon，2019（149）：263-272.

［78］ZHANG Q，LIU J. Anisotropic thermal conductivity and photodriven phase change composite based on RT100 infiltrated carbon nanotube array［J］. Solar Energy Materials and Solar Cells，2019（190）：1-5.

[79] CHEN Y, GAO S, LIU C, et al. Preparation of PE-EPDM based phase change materials with great mechanical property, thermal conductivity and photo-thermal performance [J]. Solar Energy Materials and Solar Cells, 2019 (200): 109988.

[80] CHEN M, HE Y, YE Q, et al. Solar thermal conversion and thermal energy storage of CuO/Paraffin phase change composites [J]. International Journal of Heat and Mass Transfer, 2019 (130): 1133−1140.

[81] ZHOU Y, WANG X, LIU X, et al. Multifunctional ZnO/polyurethane-based solid-solid phase change materials with graphene aerogel [J]. Solar Energy Materials & Solar Cells, 2019 (193): 13−21.

[82] WANG W, CAI Y, DU M, et al. Ultralight and flexible carbon foam-based phase change composites with high latent-heat capacity and photo-thermal conversion capability [J]. ACS Applied Materials & Interfaces, 2019, 11 (35): 31997−32007.

[83] JACKSON H F, LEE W E. Properties and characteristics of ZrC [J]. Comprehensive Nuclear Materials, 2012 (2): 339−372.

[84] PARK J. Visible and near infrared light active photocatalysis based on conjugated polymers [J]. Journal of Industrial and Engineering Chemistry, 2017 (51): 27−43.

[85] KARAMI M, BEHABADI M A, DEHKORDI M R, et al. Thermo-optical properties of copper oxide nanofluids for direct absorption of solar radiation [J]. Solar Energy Materials and Solar Cells, 2016, 144 (1): 136−142.

[86] MENG Z, LI Y, CHEN N, et al. Broad-band absorption and photo-thermal conversion properties of zirconium carbide aqueous nanofluids [J]. Journal of the Taiwan Institute of Chemical Engineers, 2017 (80): 286−292.

[87] CRACIUN D, SOCOL G, DORCIOMAN G, et al. Wear resistance of ZrC/TiN and ZrC/ZrN thin multilayers grown by pulsed laser deposition [J]. Applied Physics A, 2013, 110 (3): 717−722.

[88] YANG J, WANG M X, LI Y B, et al. Influence of bilayer periods on structural and mechanical properties of ZrC/ZrB 2 superlattice coatings [J]. Applied Surface Science, 2007, 253 (12): 5302−5305.

[89] LIU H, DENG J, YANG L, et al. Thermodynamics of the production of condensed phases in the chemical vapor deposition of ZrC in the $ZrCl_4$−CH_4−H_2−Ar system [J]. Thin Solid Films, 2014 (558): 462−467.

[90] LIU C, LIU B, SHAO Y, et al. Preparation and characterization of zirconium carbide coating on coated fuel particles [J]. Journal of the American Ceramic Society, 2010, 90 (11): 3690−3693.

[91] WU H Y, CHEN R T, SHAO Y W, et al. Novel flexible phase change materials with mussel-inspired modification of melamine foam for simultaneous light-actuated shape memory and light-to-thermal energy storage capability [J]. ACS Sustainable Chemistry & Engineering, 2019, 7 (15): 13532−13542.

［92］ZENG J L, ZHENG S H, YU S B, et al. Preparation and thermal properties of palmitic acid/polyaniline/exfoliated graphite nanoplatelets form-stable phase change materials［J］. Applied Energy, 2014, 115（15）: 603−609.

［93］DAI Y, SU J, WU K, et al. Multifunctional thermosensitive liposomes based on natural phase-change material: near-infrared light-triggered drug release and multimodal imaging-guided cancer combination therapy［J］. ACS Applied Materials & Interfaces, 2019, 11（11）: 10540−10553.

［94］XU J, JIANG S, WANG Y, et al. Photo-thermal conversion and thermal insulation properties of ZrC coated polyester fabric［J］. Fibers & Polymers, 2017, 18（10）: 1938−1944.

［95］NAM Y S, CUI X M, JEONG L, et al. Fabrication and characterization of zirconium carbide（ZrC）nanofibers with thermal storage property［J］. Thin Solid Films, 2009, 517（24）: 6531−6538.

［96］YANG Y, SUN R, WANG X. Ag nanowires functionalized cellulose textiles for supercapacitor and photothermal conversion［J］. Materials Letters, 2016, 189（15）: 248−251.

［97］FITA T, CHANG M, et al. Highly efficient near infrared photothermal conversion properties of reduced tungsten oxide/polyurethane nanocomposites［J］. Nanomaterials（Basel, Switzerland）, 2017, 7（7）: 191.

［98］CHENG D, LIU Y, ZHANG Y, et al. Polydopamine-assisted deposition of CuS nanoparticles on cotton fabrics for photocatalytic and photothermal conversion performance［J］. Cellulose, 2020（27）: 8443−8455.

［99］阎若思, 王瑞, 刘星. 相变材料微胶囊在蓄热调温智能纺织品中的应用［J］. 纺织学报, 2014, 35（9）: 155−164.

［100］梅涛, 郭启浩, 吴永智, 等. 高效光热转化发热聚酯纤维的制备与性能研究［J］. 离子交换与吸附, 2017, 3（33）: 83−91.

［101］CHEN X, GAO H, YANG M, et al. Smart integration of carbon quantum dots in metal-organic frameworks for fluorescence-functionalized phase change materials［J］. Energy Storage Materials, 2019（18）: 349−355.

［102］LIU H, WANG X, WU D. Tailoring of bifunctional microencapsulated phase change materials with CdS/SiO$_2$ double-layered shell for solar photocatalysis and solar thermal energy storage［J］. Applied Thermal Engineering, 2018（134）: 603−614.

［103］LIN P, XIE J, HE Y, et al. Mxene aerogel-based phase change materials toward solar energy conversion［J］. Solar Energy Materials and Solar Cells, 2020（206）: 110229.

［104］TANG Z, GAO H, CHEN X, et al. Advanced multifunctional composite phase change materials based on photo-responsive materials［J］. Nano Energy, 2021（80）: 105454.

［105］SHEHAYEB S, DESCHANELS X, LAUTRU J, et al. Thin polymeric CuO film from EPD designed for low temperature photothermal absorbers［J］. Electrochimica Acta, 2019（305）: 295−303.

［106］ZHANG X，WANG X，WU D. Design and synthesis of multifunctional microencapsulated phase change materials with silver/silica double-layered shell for thermal energy storage，electrical conduction and antimicrobial effectiveness［J］. Energy，2016，111（15）：498-512.

［107］YAN Y，et al. Microencapsulated phase change materials with TiO_2-doped PMMA shell for thermal energy storage and UV-shielding［J］. Solar Energy Materials & Solar Cells，2017，168（1）：62-68.

［108］SUN Z，ZHAO L，WAN H，et al. Construction of polyaniline/carbon nanotubes-functionalized phase-change microcapsules for thermal management application of supercapacitors［J］. Chemical Engineering Journal，2020（396）：125317.

［109］YANG J，JIA Y，BING N，et al. Reduced graphene oxide and zirconium carbide co-modified melamine sponge/paraffin wax composites as new form-stable phase change materials for photothermal energy conversion and storage［J］. Applied Thermal Engineering，2019（163）：114412.

［110］CHEN L，ZOU R，XIA W，et al. Electro- and photodriven phase change composites based on wax-infiltrated carbon nanotube sponges［J］. ACS Nano，2012，6（12）：10884-10892.

［111］MISHRA A K，LAHIRI B B，PHILIP J. Carbon black nano particle loaded lauric acid-based form-stable phase change material with enhanced thermal conductivity and photo-thermal conversion for thermal energy storage［J］. Energy，2020（191）：116572.

［112］孙华平，周琼，赵青华，等. 具有光热转换相变协同调温功能的PTT纤维及性能表征［J］. 合成技术及应用，2019，34（2）：1-6.

［113］顾舒婷，郝习波. 新型服装保暖材料的研究进展［J］. 江苏丝绸，2023（1）：7-11.

［114］SARIER N，ARAT R，MENCELOGLU Y，et al. Production of PEG grafted PAN copolymers and their electrospun nanowebs as novel thermal energy storage materials［J］. Thermochimica Acta，2016（643）：83-93.

［115］吴炳烨，于湖生，王军伟. 吸湿发热黏胶纤维的制备及性能研究［J］. 针织工业，2018（9）：6-8.

［116］韩梦臣. 吸湿发热相变储能复合纤维材料的制备及其性能研究［D］. 无锡：江南大学，2021.

［117］FORMHALS A P. Rocess and apparatus for preparing artificial thread［P］. US. Patent，1975504.1934.

［118］VONNEGUT B，NEUBAUER R L. Production of monodisperse liquid panicles by electrical tomization［J］. Journal of Colloid and Interface Science，1952，7（6）：616-622.

［119］TAYLOR G I. Disintegration of water drops in an electric field［C］. Proceedings of the Royal Society of London，1964：280-383.

［120］LARRONDO L，MANLEY R S T. Electrostatic fiber spinning from polymer melts and Experimental observations on fiber formation and properties［J］. Polymer Sci：Polymer Physics Edition，1981（19）：909-920.

［121］KIM J S，RENEKER D H. Polybenzimidazole nanofiber produced by electrospinning［J］. Polymer Engineering and Science，1999，39（5）：849-854.

［122］CHRISTOPHER J，BUCHKO L C，YU S，et al. Processing and microstructural characterization of porous biocompatible protein polymer thin films［J］. Polymer，1999（40）：7397-7407.

［123］FONG H，CHUN I，RENEKER D H. Beaded nanofibers formed during electrospinning［J］. Polymer，1999（40）：4585-4592.

［124］RENEKER D H，CHUN I. Nanometre diameter fibres of polymer，produced by electrospinning［J］. Nanotechnology，1996（7）：216-223.

［125］崔文国. 静电纺聚合物超细纤维的特性及生物医用功能化研究［D］. 成都：西南交通大学，2009.

［126］DOSHI J，RENEKER D H. Electrospinning process and applications of electrospun fibers［J］. Electrosta，1995（35）：151-160.

［127］ZENG J，CHEN X，XU X，et al. Biodegradable electrospun fibers for drug delivery［J］. Journal of Applied Polymer Science，2003（89）：1085-1092.

［128］王丹，单小红，郜建锐. 壳聚糖静电纺纳米纤维的研究进展［J］. 纺织导报，2015（1）：48-51.

［129］ZONG X，KIM K，FANG D，et al. Structure and process relationship of electrospun bioabsorbable nanofiber membranes［J］. Polymer，2002（43）：4403-4412.

［130］PAKRAVAN M，HEUZEY M C. A fundamental study of chitosan/PEO electrospinning［J］. Polymer，2011（52）：4813-4824.

［131］KI C S，BAEK D H，GANG K D，et al.Characterization of gelatin nanober prepared fromgelatin-formicacidsolution［J］. Polymer，2005（46）：5094-5102.

［132］JUN Z，HOU H，SCHAPER A，et al. Poly-L-lactide nanofibers by electrospinning influence of solution viscosity and electrical conductivity on fiber diameter and fiber morphology［J］. e-Polymer，2003（9）：1-9.

［133］GENG X，KWON O H，JANG J. Electrospinning of chitosan dissolved in concentrated acetic acid solution［J］. Biomaterials，2005（26）：5427-5432.

［134］GUPTA P，ELKINS C. Electrospinning of linear homopolymers of poly（methylmethacrylate）：exploring relationships between fiber formation，viscosity，molecular weight and concentration in a good solvent［J］. Polymer，2005（46）：4799-4810.

［135］HAGHI A K，AKBARI M. Trends in electrospinning of natural nanofibers［J］. Phys Status Solidi，2007（204）：1830-1834.

［136］ZHANG Y P，SU Y H，GE X S.Prediction of the melting temperature and the fusion heat of（Quasi）eutectic PCM［J］. China University of Science and Technology，1995，25（4）：474.

［137］张奕，王鹏，戴征舒，等. 月桂酸-癸酸二元体系的固-液相平衡特性［J］. 哈尔滨工业大

学学报，2009，4，4（11）：201−204.

［138］LI C，LI L，LI J，et al. Fabrication and characterisation of viscose fibre with photoinduced heat-generating properties［J］. Cellulose，2019，26（3）：1631−1640.

［139］石海峰，张兴祥，王学晨，等. 光热转换纤维的蓄热性能研究［J］. 材料工程，2002（10）：19−22.

［140］POPESCU V，MURESAN A，CONSTANDACHE O，et al. Tinctorial response of recycled PET fibers to chemical modifications during saponification and aminolysis reactions［J］. Industrial & Engineering Chemistry Research，2014，53（43）：16652−16663.

［141］张辉，曹伟涛. 涤纶织物纳米碳化锆粉体的表面改性［J］. 西安工程大学学报，2011（1）：1−5.

［142］朱林林. 光热转换储热调温丙烯腈−偏氯乙烯共聚物膜和纤维的制备［D］. 天津：天津工业大学，2009.

［143］刘杰. 防紫外、抗静电纺织品的开发与性能测试［D］. 西安：西安工程大学，2003.

［144］左金龙，李宜雯，李俊生，等. 响应面法优化TiO₂纳米管光电极制备及光电催化性能研究［J］. 环境科学研究，2020，33（3）：677−684.

［145］顾义师，孙月玲，姚金龙，等. 基于响应面分析的纯棉织物免烫整理及工艺优化［J］. 印染助剂，2017（9）：52−56.

［146］王成成. 光转换型储热节能薄膜的合成与表征［D］. 南京：东南大学，2018.

［147］QIAN T，LI J，FENG W，et al. Single-walled carbon nanotube for shape stabilization and enhanced phase change heat transfer of polyethylene glycol phase change material［J］. Energy Conversion and Management，2017（143）：96−108.

［148］WANG X，CHENG X，LI Y，et al. Self-assembly of three-dimensional 1-octadecanol/graphene thermal storage materials［J］. Solar Energy，2019（179）：128−134.

［149］包胜友，安俊杰，马莉，等. 碳纳米管对泡沫铜/石蜡复合相变材料热性能的影响［J］. 粉末冶金材料科学与工程，2020，125（2）：93−98.

［150］刘佳佳，张淞铭，何秀芹，等. 石蜡/SiO₂/CuS纳米复合相变材料的制备用于太阳能的光热转换与存储［J］. 化工新型材料，2015（12）：104−116.

［151］肖尧，余弘，李卫东，等. 相变调温纺织品研究现状及评价方法［J］. 纺织检测与标准，2019（4）：1−5.

［152］YANIO E M，NICOLE R，MARIO G，et al. Development of new inorganic shape stabilized phase change materials with LiNO₃ and LiCl salts by sol-gel method［J］. Journal of Sol-Gel Science and Technology，2020，94（1）：22−33.

［153］LI J，ZHU X Y，WANG H C，et al. Synthesis and properties of multifunctional microencapsulated phase change material for intelligent textiles［J］. Journal of Materials Science，2020，56（3）：2176−2191.

［154］LU Y，XIAO X D，LIU Y B，et al. Achieving multifunctional smart textile with long afterglow and thermo-regulation via coaxial electrospinning［J］. Journal of Alloys and Compounds，2019（812）：152144.

［155］姜明，张净净，方东，等. 一种相变储热包芯纱的制备方法［P］. 湖北：CN107460587A，2017-12-12.

［156］赵连英，章友鹤. 新型纺纱技术的发展与传统环锭纺纱技术的进步［J］. 纺织导报，2008（6）：72-73，76-80.

［157］许静娴，刘莉，李俊. 镀银纱线电热针织物的开发及性能评价［J］. 纺织学报，2016（12）：24-28.

［158］陈安，刘茜. 电热织物的研究现状及展望［J］. 棉纺织技术，2020（12）：80-84.

［159］SUN K X，LIU S，LONG H R. Structural parameters affecting electrothermal properties of woolen knitted fabrics integrated with silver-coated yarns［J］. Polymers，2019，11（10）：1709.

［160］泮丹妮，马伟伟，张鑫超，等. 导电织物的组织结构设计及性能表征［J］. 纺织科学与工程学报，2020（4）：9-14.

［161］LENG Y，MING P W，YANG D J，et al. Stainless steel bipolar plates for proton exchange membrane fuel cells：Materials，flow channel design and forming processes［J］. Journal of Power Sources，2020（451）：227783.

［162］刘志艳，孙晓霞，陈文娟，等. 电热复合织物的电路设计及其性能［J］. 印染，2020（3）：1-4，14.

［163］ZHANG H Q，SUN Q R，YUAN Y P，et al. A novel form-stable phase change composite with excellent thermal and electrical conductivities［J］. Chemical Engineering Journal，2018（336）：342-351.

［164］LI G Y，GUO H，DONG D P，et al. Multiresponsive graphene-aerogel-directed phase-change smart fibers［J］. Advanced Materials，2018，30（30）：1801754.

［165］王瑞瑞，王鸿儒. 聚乙二醇制备新材料的功能特性［J］. 应用化工，2018（12）：2750-2754.

［166］徐海燕，陈南梁. 玻璃纤维／聚酯纤维摩擦纺包芯纱结构对其热压复合材料浸渍效果的影响［J］. 产业用纺织品，2009（4）：21-24.

［167］MANIK B，ARUP K R，SAJAL K C. Structure-property of DREF-3 friction spun yarn made using twisted staple fibrous core［J］. Journal of Natural Fibers，2018，17（2）：235-245.

［168］贾士玉，赵连英，顾学锋，等. 纱线混纺比对纱线性能及针织面料起球性的影响［J］. 上海纺织科技，2020（10）：28-30，40.

［169］高婵娟，郝凤鸣，薛少林. 摩擦纺包芯纱纺纱工艺的研究［J］. 棉纺织技术，2000（2）：17-21.

［170］李丽，梁然然，肖红，等. 含金属纤维纱线热导率和电导率研究［J］. 化工新型材料，2017（9）：156-158.

［171］LI X L，SHENG X X，GUO Y Q，et al. Multifunctional HDPE/CNTs/PW composite phase change materials with excellent thermal and electrical conductivities ［J］. Journal of Materials Science & Technology，2021（86）：171-179.

［172］张莹，马新安，张生辉，等. 织物规格与热传导性能的关系研究［J］. 棉纺织技术，2019，47（1）：39-41.

［173］陈志华，张炜栋，郝云娜，等. 石墨烯复合棉织物的电热性能研究［J］. 棉纺织技术，2019（4）：10-13.

［174］王元，刘晓光，等. 相变储能技术的研究进展与应用［J］. 煤气与热力，2010（9）：10-12.

［175］孟令阔. 硬脂酸相变微胶囊的制备与表征［D］. 上海：东华大学，2016.

［176］李刚，孙庆国. 无机芯微胶囊相变材料的研究进展［J］. 无机盐工业，2014，46（10）：14-17.

［177］谷海明. 相变储能材料Mg（NO₃）₂·6H₂O的稳定与储热性能研究［D］. 昆明：昆明理工大学，2013.

［178］刘光辉. 几种相变材料熔化焓的研究［D］. 北京：北京理工大学，2015.

［179］庞方丽，王瑞，刘星，等. 相变微胶囊及其在蓄热调温织物上应用的研究进展［J］. 天津工业大学学报，2014，33（3）：24-28，33.

［180］车迪，陈英. 界面聚合法制备新型防蚊微胶囊［J］. 纺织导报，2018（5）：81-85.

［181］梁丰收，陈卫星，马爱洁，等. 界面聚合法制备异氰酸酯型微胶囊及其性能［J］. 高分子材料科学与工程，2018，34（2）：150-154.

［182］朱振国. 具有光致变色功能的相变储能微胶囊的制备及性能［D］. 天津：天津工业大学，2018.

［183］王彦. 聚酰胺微胶囊的制备研究［D］. 天津：天津大学，2017.

［184］陶磊. 硫黄微胶囊的制备、表征及应用性能研究［D］. 青岛：青岛科技大学，2016.

［185］符大天. 环氧树脂微胶囊的合成及其在自修复材料中的应用研究［D］. 广州：广东药学院，2015.

［186］辛长征. 耐温性相变材料微胶囊的制备及其熔喷纺丝应用研究［D］. 上海：东华大学，2013.

［187］叶泛，黄志明，江夏，等. 微悬浮聚合法制备纳米聚甲基丙烯酸甲酯研究［J］. 长江大学学报（自然科学版），2019，16（1）：118-124，10.

［188］信建豪，尚曙玉，王欢欢，等. 悬浮聚合法制备同型半胱氨酸分子印迹聚合物微球及应用［J］. 理化检验（化学分册），2018，54（11）：1268-1271.

［189］郭则续. 反相悬浮聚合法制备阳离子聚丙烯酰胺［D］. 青岛：青岛科技大学，2018.

［190］潘志文，王文利，王秋，等. 基于相变微胶囊的功能纺织品制备与应用研究［J］. 化工新型材料，2018，46（11）：256-259.

［191］崔锦峰，张亚斌，张静，等. 微胶囊制备技术及其聚合物基功能复合材料研究与应用进展［J］. 涂料工业，2018，48（11）：15-22.

［192］周宇飞，袁一鸣，仇中柱，等. 纳米铝和石墨烯量子点改性的相变微胶囊的制备及特性［J］. 材料导报，2019，33（6）：932-935.

［193］周龙祥，王保明，田玉提，等. 二氧化钛包覆石蜡相变微胶囊的制备及表征［J］. 现代化工，2019，39（3）：82-86.

［194］朱阳倩，汪海平. 壁材掺杂纳米 TiO₂ 的正十四醇相变微胶囊的制备及性能研究［J］. 化工新型材料，2019，47（3）：134-137，142.

［195］张鑫，党洪洋，龙柱. 掺杂钨纳米二氧化钒控温微胶囊的合成与表征［J］. 塑料工业，2019，47（2）：31-36.

［196］NAN S，CHUN Y Z，et al. Synthesis of Al-25 wt%Si@Al2O3@Cu micro capsules as phase change materials for high temperature thermal energy storage［J］. Solar Energy Materials and Solar Cells，2019（191）：141-147.

［197］QIAN T，CHEN G，et al. Fabrication of magnetic phase change n-eicosane@Fe₃O₄/SiO₂ microcapsul es on wood surface via sol-gel method［J］. Journal of Alloys and Compounds，2019（772）：871-876.

［198］HUAN L，XIAO D W，DE Z W，et al. Morphology-controlled synthesis of micro encapsulated phase chang ematerials with TiO₂ shell for thermal energy harvesting and temperature regulation［J］. Energy，2019（172）：599-617.

［199］QING H Y，ZHU J，et al. A novel low-temperature fabrication approach of composite phase change materials for high temperature thermal energy storage［J］. Applied Energy，2019（237）：367-377.

［200］袁艳平，白力，牛犇. 脂肪酸二元低共熔混合物相变温度和潜热的理论预测［J］. 材料导报，2010，24（2）：111-113.

［201］邹黎明，杨金波，郑兴，等. 蓄热、调温微胶囊相变材料的制备及其表征［J］. 合成纤维，2007，36（5）：15-18.

［202］SALATIN F，DEVAUX E，BOURBIGO T，et al. The rmoregulating response of cotton fabric containing micro encapsulated phase change materials［J］. Thermochimica Acta，2010，506（1-2）：82.

［203］季宋文，王革辉，李玲艳. 调温微胶囊整理织物性能研究［J］. 上海纺织科技，2014，42（10）：6.

［204］杨志清. 相变材料在纺织品中的应用［J］. 山西纺织服装，2016（1）：2-4.

［205］魏海婷. 脂肪酸类复合相变储能材料的制备与性能研究［D］. 福州：福州大学，2017.

［206］杨文洁. 定形复合相变储能材料的制备及性能研究［D］. 新乡：河南师范大学，2010.

［207］冷光辉，蓝志鹏，葛志伟，等. 储热材料研究进展［J］. 储能科学与技术，2015，4（2）：119-130.

［208］GE H，LI H，MEI S，et al. Low melting point liquid metal as a new class of phase change material：An emerging frontier in energy area［J］. Renewable & Sustainable Energy Reviews，

2013，21（5）：331-346.

［209］成时亮. 聚乙二醇/二醋酸纤维素-g-聚乙二醇单相变储能材料的制备及研究［D］. 上海：东华大学，2008.

［210］朱洪宇. 相变复合材料的制备及其导热性能研究［D］. 兰州：兰州理工大学，2018.

［211］唐方. 复合相变蓄能材料的制备及性能研究［D］. 南京：南京大学，2016.

［212］章潇慧，于浩然. 光热转换材料的研究现状与发展趋势［J］. 新材料产业，2019（3）：56-67.

［213］杜咪咪. 光热转换超疏水材料的制备及性能研究［D］. 西安：陕西科技大学，2021.

［214］邓聪. PEG/GO-CuSO₄-硫脲复合相变材料的制备及性能［J］. 江西化工，2021，37（2）：83-89.

［215］张伟屹. 多孔碳基复合相变储能材料的制备和性能优化研究［D］. 北京：中国地质大学，2020.

［216］WANG Y，TANG B，ZHANG S. Light-thermal conversion organic shape-stabilized phase-change materials with broadband harvesting for visible light of solar radiation［J］.RSC Advances，2012，2（30）：11372-11378.

［217］肖强强. 光热转化相变材料的制备、性能及在太阳能热水系统中的应用［D］. 广东：华南理工大学，2020.

［218］黄黎明. 淀粉基多孔碳/PEG复合相变储能材料的制备及性能研究［D］. 南宁：广西民族大学，2020.

［219］贾仕奎，王忠，陈立贵，等. 高定形聚乙二醇/剑麻纤维素/膨胀石墨相变储能材料的研制及热性能［J］. 高分子材料科学与工程，2017，33（1）：137-141.

［220］刘洁. 纤维素海绵及其复合相变储能材料的制备及性能研究［D］. 东北林业大学，2018.

［221］贾仕奎，张显勇，付蕾，等. GNPs/PEG定形相变储能材料的结晶及热性能研究［J］. 陕西理工学院学报（自然科学版），2017，33（1）：1-5，32.

［222］BEHERA P K，USHA K M，GUCHHAIT P K，et al. A novel ionomeric polyurethane elastomer based on ionic liquid as crosslinker［J］.RSC Advances，2016，6（101）：99404-99413.

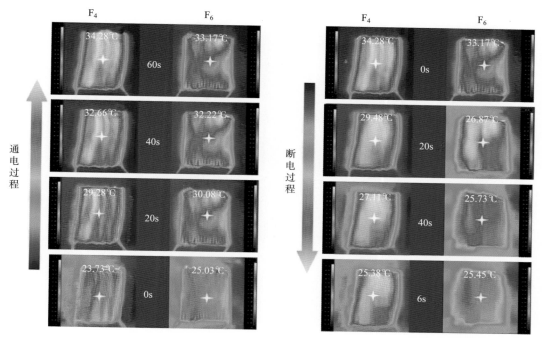

彩图1　3V外加电压下复合织物通电断电红外热像图（见正文图5-20）

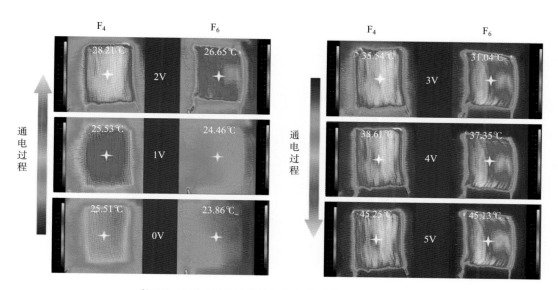

彩图2　复合织物通电断电红外热像图（见正文图5-21）